José Wagner Braidotti Jr.

A GOVERNANÇA
DA MANUTENÇÃO

na Obtenção de Resultados Sustentáveis

CB022988

José Wagner Braidotti Jr.

A GOVERNANÇA
DA MANUTENÇÃO
na Obtenção de Resultados Sustentáveis

EDITORA CIÊNCIA MODERNA

Editor: Paulo André P. Marques
Produção Editorial: Dilene Sandes Pessanha
Capa: Daniel Jara
Diagramação: Lucia Quaresma
Copidesque: Ana Cristina Andrade dos Santos

FICHA CATALOGRÁFICA

BRAIDOTTI Junior, José Wagner.

A Governança da Manutenção na Obtenção de Resultados Sustentáveis

Rio de Janeiro: Editora Ciência Moderna Ltda., 2016.

1. Engenharia de Manutenção
I — Título

ISBN: 978-85-399-0844-8

CDD 621.8

Editora Ciência Moderna Ltda.
R. Alice Figueiredo, 46 – Riachuelo
Rio de Janeiro, RJ – Brasil   CEP: 20.950-150
Tel: (21) 2201-6662/ Fax: (21) 2201-6896
E-MAIL: LCM@LCM.COM.BR
WWW.LCM.COM.BR

09/16

APRESENTAÇÃO

Penso que escrever um livro que envolve o seu trabalho é um ato de muita coragem, mas acima de tudo um ato de amor ao que se faz e ao que se compromete a entregar à sociedade e aos diversos segmentos produtivos, que poderão encontrar neste livro uma grande contribuição para gestão efetiva, como ferramenta para avaliação, aplicação e controle dos indicadores- chave de desempenho.

Conheço o **Eng° José Wagner Braidotti Jr**. há mais de 15 anos, com muitos trabalhos desenvolvidos ao longo deste período e trocas de experiências que agregaram muito valor as nossas atividades, conheço a sua paixão pela Manutenção e vejo com muita alegria a sua satisfação e seu orgulho por mais esta contribuição à grande comunidade de mantenedores.

Como sabemos, a área da Manutenção é sempre muito questionada e pressionada a rever e reduzir custos, tendo que sistematicamente explicar e justificar a efetividade dos recursos aplicados nas diversas formas de manutenção, e é nesse momento que somos confrontados a evidenciar os custos evitados ou o valor agregado com uma boa performance da Manutenção, tornando-se essencial o conhecimento e aplicação de ferramentas de medições e controles que suportem toda gestão.

Respondendo ainda ao parágrafo acima, neste livro, o **Eng° José Wagner Braidotti Jr**. reforça como um bom sistema de Governança ajuda a fortalecer a Manutenção, reforça as competências, amplia as bases estratégicas de criação de valor e trabalha como um fator de harmonização de interesses. Ao contribuir com os resultados, a Manutenção aumenta a confiança da alta Direção e das demais operações e funções, tornando-se peça-chave em qualquer organização.

A Governança Corporativa, como um conjunto de princípios e práticas que têm sido incorporadas aos modelos de gestão das empresas, tem atraído a atenção de diferentes partes interessadas, assim, seguindo os mesmos conceitos e objetivos, a Governança da Manutenção deve também preparar os sucessores, harmonizar interesses, alinhar visões estratégicas, separar funções, propor códigos de melhores práticas e direcionar os seus esforços na busca pela excelência e melhoria contínua.

José Luis Arranz

Head Site Management & Services

Clariant S.A.

RESUMO

Para todas as atividades nas quais estamos envolvidos, torna-se necessário praticarmos o controle. Para que tenhamos o controle dos nossos processos, temos que utilizar indicadores capazes de nos fornecer informações confiáveis, realistas e consistentes, pois desta maneira poderemos tomar ações ágeis e corretamente direcionadas com a gestão eficaz das práticas de manutenção, contribuindo para a melhoria contínua dos processos de trabalho.

A nossa capacidade de identificar e aplicar os controles, com o objetivo de obtermos os indicadores adequados, é cada vez mais simples e econômica devido à evolução da tecnologia. Em contrapartida, esta tecnologia que facilita muito a implantação de controles exige das empresas ações mais ágeis tanto na interpretação como na análise dos resultados dos controles, na busca dos resultados esperados.

Portanto, os principais benefícios esperados com esta prática é podermos obter uma fonte de informação rápida e confiável para a tomada de decisões; uma boa ferramenta de gestão para a condução de melhorias contínuas em todos os processos e a possibilidade de comparação entre outras empresas.

Desta maneira, na gestão de qualquer atividade desenvolvida, é vital a presença de indicadores de desempenho que possibilitem uma comparação com metas e padrões.

Apesar de tudo o que acaba de ser exposto, qual é o motivo de tratarmos tão mal nossos indicadores de desempenho atualmente?

Geramos vários indicadores que não servem para nada, não são consultados nem acompanhados, não são aderentes aos nossos colaboradores das oficinas de manutenção, e muitas vezes nem demonstram corretamente os resultados dos nossos serviços realizados nos ativos.

Geramos gráficos com informações pontuais, sem a preocupação de informarmos uma meta como objetivo principal, uma curva de tendência ou até uma média móvel, na qual possa representar de uma maneira mais confiável a evolução dos esforços da manutenção ao longo de um período maior do que apenas 1 mês.

NOTA DO AUTOR

Estamos diante de uma realidade na qual temos identificado oportunidades e necessidades de melhorias em diversos setores das empresas, e também em todos os níveis hierárquicos.

Neste contexto, os resultados a serem obtidos pelas equipes técnicas de manutenção se iniciam através de decisões gerenciais, que determinam as metas a serem atingidas, os caminhos possíveis de serem trilhados e a defesa da base orçamentária para que as ações possam ser realizadas dentro do contexto admitido e alinhado com os resultados esperados.

Neste sentido, encontramos no comando da manutenção um grande desafio de entendimento e alinhamento das premissas e necessidades da empresa, com aquilo que se pode realizar através dos serviços das oficinas de campo.

É possível verificar, na prática, que as empresas que apresentam melhores resultados, e muitas vezes consideradas empresas de referência no mercado, apresentam na sua gestão boas práticas de governança e integram todos os colaboradores da sua equipe no mesmo contexto e objetivo no atingimento de resultados comuns, e compartilhados por todos, não somente um resultado individual, por departamento.

Esperamos que o conteúdo deste livro possa contribuir para a melhoria dos processos de gestão das práticas de manutenção, para que os resultados possam ser obtidos, com a melhor aplicação dos recursos limitados disponíveis, respeitando as questões de segurança do trabalho e saúde ocupacional, e também as ambientais.

Os colaboradores das empresas, de maneira geral, são conduzidos por decisões gerenciais e utilizam como paradigma instalado os critérios de trabalho definidos pelos gestores que diariamente determinam os caminhos a serem seguidos pelos técnicos, e muitas vezes até acompanham as ações de campo com o propósito de estarem perto das atividades que irão gerar os resultados projetados, através das suas decisões.

Concluindo, o tema governança da manutenção é bastante abrangente, não se limitando ao contexto apresentado neste livro, mas nem por isto deixa de ser extremamente importante para que o departamento de manutenção possa contribuir decisivamente para o sucesso da empresa, trazendo, definitivamente, a manutenção para a agenda das decisões estratégicas, garantindo estabilidade produtiva por meio dos ativos físicos disponíveis para a produção, e confiáveis no contexto operacional.

SUMÁRIO

Capítulo 1

INTRODUÇÃO

"Praticar a governança na manutenção é a melhor maneira de traduzir a correta utilização dos recursos limitados disponíveis, com foco no resultado operacional."

Na gerência de qualquer atividade desenvolvida, é vital a presença de dados de desempenho que possibilitem uma comparação com metas e padrões.

É com o conhecimento destas informações que as ações são classificadas, planejadas, programadas e executadas para melhor performance do processo.

Estes dados são os indicadores de desempenho ou KPI's (*Key Performance Indicators*). Os indicadores são instrumentos de análise de grande utilidade para os administradores da área de atuação na avaliação do desempenho dos serviços e na otimização de seus processos.

Os indicadores de desempenho podem ser definidos como uma combinação de indicadores econômicos, organizacionais e técnicos na forma de índices e percentuais, espelhando o desempenho global da manutenção de uma maneira racional e objetiva.

Como a própria palavra denota, os indicadores de desempenho são guias que permitem medir a eficácia das ações tomadas, medir os desvios entre o programado e o realizado, possibilitando uma comparação ao longo do tempo com dados internos e externos.

De acordo com a necessidade de cada atividade do processo, devemos escolher quais indicadores serão utilizados, balanceando os benefícios e o trabalho envolvido para o levantamento dos dados, havendo a possibilidade de que certos indicadores de desempenho não sejam aplicáveis em certas atividades devido ao tipo de serviço realizado.

De maneira geral, tratamos muito mal os indicadores de desempenho porque não entendemos seus resultados.

Não conseguimos relacionar os indicadores calculados e divulgados nos quadros de gestão à vista, com nossas práticas de trabalho.

Na maioria das vezes, não calculamos o que realmente é importante, e sim, por paradigma, calculamos o que a empresa/departamento sempre calculou por meses e anos, sem nos preocuparmos com a oportunidade de estarmos calculando indicadores que possam representar melhor nossos resultados.

Falhamos muitas vezes na frequência da atualização dos indicadores nos quadros de gestão à vista, que, por estarem desatualizados, nem sempre são consultados como uma rotina natural de acompanhamento sistemático.

Em geral, os indicadores de desempenho de manutenção são pouco compreendidos, sejam eles utilizados para comparação com os resultados de medições anteriores ou com os resultados de outras empresas no mesmo segmento ou em outros segmentos de mercado.

Quando apropriadamente utilizados, os indicadores de desempenho devem ser utilizados para identificar uma oportunidade (ou necessidade) de melhoria em algum processo de trabalho na empresa, ou na condição de contribuir com uma análise da causa de um problema representado pelos baixos resultados apresentados pelo próprio indicador.

Os indicadores apropriadamente determinados para serem calculados periodicamente devem ser determinados pela alta direção da empresa, relacionando diretamente com os indicadores corporativos, que devem ser desdobrados a todos os níveis e departamentos da empresa.

Os indicadores de desempenho corporativos contribuem para que a organização possa focar seus esforços nas ações que levam para o propósito com que a empresa desenvolve seus processos e criam, através dos seus procedimentos internos, seus produtos com valor agregado.

O correto desdobramento dos indicadores de desempenho propicia para que cada departamento possa alinhar seus esforços com a estratégia da empresa, e o maior desafio é fazer com que todos os colaboradores envolvidos se sintam comprometidos com os resultados periódicos a serem atingidos.

CAPÍTULO 2

OBJETIVO

*"As medições efetuadas na obtenção dos Indicadores de Desempenho (KPI) somente têm eficácia quando são realizadas de modo a produzir informações que os colaboradores possam **entender** e **utilizar** para um processo de melhoria contínua."*

A elaboração desta obra tem por finalidade reunir informações necessárias para a melhor aplicação da governança da manutenção, por meio de estratégias bem definidas e também do uso de indicadores de desempenho nos diversos processos existentes nas organizações.

Realizado de maneira a agregar os indicadores de desempenho mais usados nas indústrias, como base para a governança da manutenção, proporciona uma fonte de informação rápida e que abrange todos os aspectos da utilização destes.

A gama de indicadores de desempenho apresentados nesta obra vai além da necessidade de um processo específico. A avaliação de cada caso deve ser feita pelos responsáveis pelas áreas de atuação, realizando também as adaptações que julgarem necessárias.

Na forma de uma planilha técnica individual (no capítulo final dos "Anexos"), para cada indicador de desempenho de manutenção é apresentada a sua descrição e sua fórmula, com as informações de como, onde e quando obter os dados necessários para o seu levantamento. Um exemplo prático é apresentado para eliminar qualquer dúvida remanescente, tanto na forma de realizar o cálculo como na forma de coletar os dados.

O trabalho mostra também a maneira como o histórico, como fonte de informação estratégica, auxilia na definição do "*base-line*" (*Base de referência quantitativa que proporciona a definição de meta*) e posteriormente na definição das metas.

Em uma segunda etapa, esta obra trata da análise dos indicadores de desempenho, mostrando a forma como alguns indicadores evidenciam os maiores potenciais de melhora e a forma como planejar e agir para alcançar melhores resultados no processo.

As técnicas de "*benchmarking*" (*Comparação de resultados com finalidade de determinar o quanto pode ser melhorado dentro do processo*) são apresentadas para auxiliar na avaliação dos resultados obtidos, utilizando-se de resultados de outras empresas como base de comparação para metas pretendidas.

Capítulo 3

O SISTEMA DE CONTROLE

"Impossível aplicar a correta governança na manutenção sem um sistema de controle implementado."

DESENHO 1 – SISTEMA DE CONTROLE.

Os indicadores de manutenção podem ser entendidos como uma evolução dos conceitos de controle de produção, qualidade e estoque.

Eles surgiram muito antes do conceito de manutenção. Isto porque junto com o gerenciamento de qualquer atividade humana torna-se necessário o exercício do controle.

O exercício do controle apresenta grandes desafios para os gerentes, como diz **Peter Drucker:**

> *"No vocabulário das instituições sociais a palavra 'Controles' não corresponde ao plural da palavra 'Controle'. Não se trata apenas de verificar que não é através de um maior número de controles que necessariamente se chega a um controle maior, mas também que as duas palavras têm significados totalmente diversos. Os controles significam mensurações e informações. O controle quer dizer direção. Os controles dizem respeito aos meios; o controle, ao fim. Os controles ligam-se aos fatos, isto é, acontecimentos ocorridos anteriormente. O controle relaciona-se com as expectativas, isto é, com o futuro.*

Os controles são analíticos, preocupa-se com o que era e o que é. 'O controle é normativo e diz respeito àquilo que deve ser'."

A capacidade de aplicação de controles é cada vez mais simples e barata devido à evolução da tecnologia. Por outro lado, a mesma tecnologia que facilita a implantação de controles exige que as empresas sejam ágeis tanto na interpretação e análise dos resultados desses controles quanto em tomar ações a partir desses mesmos resultados.

O paradoxo a que **Peter Drucker** se refere, em que mais controles não significam maior controle, também é verdadeiro no sentido inverso: menos controles também não significam maior controle. O balanceamento entre a quantidade de controles e a capacidade de decidir é fundamental para maior controle.

COMO DEVE SER ESSE BALANCEAMENTO?

Para esta questão, **Peter Drucker** enuncia que três desafios podem interferir nesse balanceamento:

"Os controles não podem ser objetivos nem neutros."

Apesar de soar estranha, essa frase revela um grande paradoxo, os controles efetivamente devem ser objetivos, ou seja, devem mensurar aquilo que é importante e apontar a que distância está de nossa meta.

O controle deve ser capaz de nos indicar o que está acontecendo. O paradoxo está em que na busca do que está acontecendo nos defrontamos com uma realidade extremamente complexa e variável.

Na seleção de que eventos devem ser medidos é onde exercemos nossa capacidade de influenciar e de nos influenciar pela realidade que queremos mensurar. Qualquer empresa está vinculada a um "meio ambiente", e os controles devem considerá-la, ou corre-se o risco de que os controladores tenham uma visão míope.

As pessoas são afetadas pela mensuração e buscam se adequar ao fato da mensuração. Um exemplo dessa interferência é o que ocorre quando o controle passa a fazer maior sentido que o motivo de seu controle.

Não raro gerentes seguram pedidos de venda para o mês posterior para manter meta de vendas de acordo com o estabelecido. Outro bom exemplo de uma mensuração que interfere na realidade são as Pesquisas Eleitorais. Muitas pessoas votam junto com a maioria. A definição, o acompanhamento e a análise dos resultados interferem na sua organização.

A mensuração não é desvinculada da realidade. A realidade organizacional é alterada pelo controle e vice-versa.

Dessa forma, a questão básica é "O que devemos medir?", e a resposta, portanto, deve ser controles que não considerem a necessidade de controlar por si só, mas o porquê controlar e como a organização será afetada por eles.

"Os Controles devem se Concentrar nos Resultados."

Uma organização existe para prestar sua contribuição aos sócios, aos clientes, à sociedade e à economia.

Assim, os resultados das organizações existem como uma prestação de contas externamente; no entanto, na maior parte das vezes a mensuração desses resultados encontra-se focada internamente, ou seja, nos esforços organizacionais necessários para atingir o resultado esperado. Como na situação anterior, as organizações estão envolvidas em um ambiente e os resultados que esta organização pretende atingir dependem desse ambiente.

Com o aumento da concorrência, melhoria das técnicas de produção e atendimento, as commodities de produtos e serviços, as organizações passam a sofrer maior influência externa do que da capacidade interna de "produzir". Medir o que fazemos internamente também passa por um processo das commodities, portanto cada vez mais a mensuração de esforços internos tem menor influência no sucesso do que a influência externa e consequentemente do que ainda está por vir.

"Os controles são necessários para os acontecimentos mensuráveis e para os não-mensuráveis."

A dificuldade em medir o intangível faz com que nos concentremos no que é tangível e mensurável. Isso pode levar a uma cegueira em relação ao que está realmente acontecendo. Inconscientemente dizemos que, se não é possível medir, é porque não está lá, e se não existe não preciso me preocupar.

A grande dificuldade para os executivos é enxergar esse lado, do que ainda não é possível mensurar; é ele que dá a diferença entre uma empresa vencedora e uma perdedora.

COMO CONTROLAR A MODA, DITANDO A MODA OU PREVENDO-A?

Exemplos de ferramentas de controle para eventos não mensuráveis: pesquisas de mercado, construção de cenários, estudos de tendências.

Ainda segundo **Peter Drucker,** existem **requisitos** para que os controles sejam eficazes:

"Devem ser Econômicos."

Quanto menor o esforço para medir, melhor será o resultado. Quais as informações mínimas de que necessito para exercer o controle?

"Devem ser Expressivos."

A nossa capacidade para medir algum processo de trabalho não é a justificativa suficiente para medi-lo e acompanhá-lo.

Os controles devem estar vinculados a nossa necessidade de decidir. Se quisermos entender por que existem defeitos em determinados produtos, devemos nos concentrar no estudo daqueles defeituosos, e não naqueles que estão dentro do padrão.

"O que queremos medir" é mais importante "do que podemos medir".

"Devem ser Adequados."

Os controles devem ser adequados à natureza daquilo que pretendem medir. Não é uma questão de usar um velocímetro para medir a velocidade, mas sim questionar se é realmente a velocidade que preciso medir.

Por exemplo, os sistemas de avaliação de vendedores têm como objetivo mensurar o resultado de vendas e remunerá-los, no entanto esse sistema normalmente não considera o impacto das vendas na organização: é o produto de melhor rentabilidade; é o que tem maior custo operacional de entrega?

Na busca por aumento de vendas unitárias, a empresa pode ser levada, por exemplo, a vender mais o que lhe custa mais reduzindo seu resultado ao invés de aumentá-lo.

"Devem ser Congruentes."

As mensurações devem ser congruentes com os acontecimentos medidos, ou seja, a forma de medida deve ser adequada ao evento.

É necessário que o sistema de medidas além de que sua grandeza seja coerente com o evento, seja definido o contexto onde se fez a medida.

Por exemplo, pesquisas de mercado devem definir o que é o mercado.

"Devem ser Oportunos."

Os controles devem considerar a dimensão temporal de forma a gerar a informação de acordo com a necessidade de análise. Como diz a expressão, "jornal velho só se for para embrulhar peixe".

As informações somente têm valor se inseridas numa realidade temporal. As ferramentas tecnológicas cada vez mais permitem o controle em tempo real. Não podemos, no entanto, cair no erro de muitos administradores que se empolgam e querem saber tudo no exato momento em que acontece.

Por exemplo, o custo por atividade calculado diariamente. Será necessário? Devem-se ter em mente o custo e o motivo da mensuração.

Além disso, de que adianta medir durante o tempo todo, já que muitos eventos demandam sua própria medição e nem sempre os fatos, por si sós, permitem conclusão?

O conjunto de fatos, por sua vez, passa a ser uma história que pode levar a uma decisão acertada.

"Devem ser Simples."

Os controles devem ser simples porque quanto maior a complexidade menor será a disposição da organização para executá-lo e analisá-lo.

Exemplos disso são muitos sistemas de custeio considerados como uma verdadeira caixa preta.

Poucos são os executivos de áreas de marketing e industriais que se preocupam com os custos e isso passa a ser uma preocupação para a contabilidade, quando deveria ser uma preocupação corporativa.

"Devem ser Operacionais."

Não adianta imprimir relatórios e mandar para toda a empresa. Quem merece a informação é quem pode fazer alguma coisa a partir dela. Essa situação pode ser considerada como uma hipertrofia de informações, quando a empresa se perde em sua própria cadeia de controles.

"Os controles devem ser direcionados aos tomadores de decisão."

A definição de um sistema de controle significa também a definição de uma linguagem comum para a organização seus clientes e fornecedores. A certeza dessa afirmativa pode ser comprovada a partir do movimento de qualidade japonês David Garvin cita como um dos pontos cruciais do seu sucesso foi a definição de padrões de medida.

Portanto, no desenvolvimento de um sistema de controle, além de levar em consideração os requisitos e os desafios dos controles colocados por **Peter Drucker,** é necessário o padrão a ser utilizado a partir da:

Medição - é a forma pela qual é possível entender um evento e/ou característica desejada ou indesejada; é, portanto, determinada por uma quantidade definida desta característica, permitindo a avaliação da mesma em números, como, por exemplo, hora, quilowatt, metro etc.

Equipamento ou Sensor — é o instrumento ou método que permite a realização da medida, como, por exemplo, o relógio, a régua métrica etc.

Aceitabilidade ou Padrão — é a transformação do resultado da medição em um critério de avaliação do evento e/ou característica mensurada; pode ser considerado como o grau de satisfação do cliente.

Precisão — é o nível de detalhamento da "medição" necessário para que seja possível atingir o padrão de "aceitabilidade".

QUESTÕES RELACIONADAS A ESTE CAPÍTULO

1. Quando apresentado um resultado gráfico de um indicador por um período de tempo, qual é a importância de apresentar a curva de tendência?

2. Quando apresentado um resultado gráfico de um indicador por um período de tempo, qual é a importância de apresentar a média móvel dos últimos 12 (doze) meses?

3. Explicar a importância de ter um sistema de controle dos processos de manutenção, baseado em resultados quantitativos.

4. Cite 3 requisitos de eficácia dos controles apresentados por Peter Drucker.

Capítulo 4

CAMPO DE APLICAÇÃO – FLUXO DOS PROCESSOS DE MANUTENÇÃO

"O fluxo dos processos de manutenção orienta as práticas de trabalho, que leva ao melhor resultado."

Entendendo que os indicadores de desempenho são parte integrante da estratégia da governança da manutenção, representam os resultados das práticas diárias nos diversos fluxos dos processos da manutenção, está sendo apresentado a seguir um fluxograma macro, no qual apresenta a posição de cada indicador de desempenho.

Na oportunidade de apresentar e facilitar o entendimento do fluxograma citado, está sendo apresentada uma sequência padrão, contemplando as seguintes funções da estrutura da manutenção:

SOLICITANTE DE SERVIÇOS

São todos os colaboradores que de maneira geral podem identificar, qualificar e solicitar um serviço para a área de manutenção.

Estes colaboradores podem fazer parte da equipe operacional, nas quais estão a todo momento interagindo com os ativos físicos; da própria equipe de manutenção, através dos inspetores de campo; da equipe de segurança e saúde ocupacional, do meio ambiente, da qualidade etc.

DESENHO 2 – SOLICITANTE DE SERVIÇOS

CLASSIFICADOR DOS SERVIÇOS

Esta função está relacionada com o cumprimento da *Função Gatekeeper*, a qual, dentre outras atividades, tem como padrão de trabalho a triagem dos serviços solicitados, filtrando, classificando, viabilizando e priorizando os serviços aprovados para serem planejados.

A classificação dos serviços solicitados, as análises técnicas, operacionais e financeiras, a viabilização e aprovação dos serviços e a priorização conforme critérios apresentados acima devem ser realizadas pela *Função Gatekeeper*, que possui como principais atribuições:

Desenho 3 – Classificador de Serviços

- Verificar o tipo de solicitação de serviço para as equipes de manutenção.

- Ter autoridade para revisar e confirmar a prioridade dos serviços a serem realizados.

- Ter conhecimento dos parâmetros do processo produtivo aplicados aos equipamentos e instalações.

- Ter conhecimento técnico das principais práticas de manutenção eletromecânica, das características básicas e limitações de projeto de equipamentos e instalações.

- Contribuir com o controle do orçamento da manutenção.

- Visualizar a programação de produção (PCP).

- Validar que o trabalho agrega valor.

- Cancelar a solicitação do serviço que não agrega valor ao negócio da empresa e informar o solicitante.

- Encerrar a solicitação do serviço já realizado.

- Visitar o trabalho junto com o Planejador da Manutenção quando necessário.

- Desenvolver a programação estratégica e a sequência das tarefas junto com o Programador de Manutenção.

- Notificar antecipadamente às oficinas de manutenção quando há necessidade de reparos de maior complexidade, antes da perda da função do equipamento ou da instalação.

A priorização segue o **Padrão da Classificação 1 / 2 / 3 / 4 / 5 / 6**, em que cada fator representa a urgência no tempo para a realização da atividade solicitada, tais como:

Prioridade 1

Imediato, ou seja, o serviço deve ser iniciado de maneira emergencial, pois, caso contrário, poderá causar um grave impacto nas questões de segurança pessoal, segurança do processo, na produtividade ou nos custos envolvidos no sistema com o qual está relacionado.

Prioridade 2

Urgente, ou seja, o serviço deve ser iniciado no **máximo em até 2 dias**, a contar da data da sua viabilização. Esta condição determina que, apesar de o serviço não ter sido classificado como *"Imediato"*, é urgente, pois, se não for iniciado em até 2 dias, poderá se tornar um serviço classificado como *"Prioridade 1"*.

Prioridade 3

Alto, ou seja, o serviço deve ser iniciado no **máximo em até 1 semana**, a contar da data da sua viabilização. Esta condição determina que, apesar de o serviço não ter sido classificado como *"Urgente"*, é muito importante também, pois, se não for iniciado em até 1 semana, poderá se tornar um serviço classificado como *"Prioridade 2"*.

Prioridade 4

Médio, ou seja, o serviço deve ser iniciado no **máximo em até 14 dias**, a contar da data da sua viabilização. Esta condição determina que, apesar de o serviço não ter sido classificado como *"Alto"*, é importante também, pois, se não for iniciado em até 14 dias, poderá se tornar um serviço classificado como *"Prioridade 3"*.

Prioridade 5

Baixo, ou seja, o serviço deve ser iniciado no **máximo em até 1 mês**, a contar da data da sua viabilização. Esta condição determina que, apesar de o serviço não ter sido classificado como *"Médio"*, é necessário, pois, se não for iniciado em até 1 mês, poderá se tornar um serviço classificado como *"Prioridade 4"*.

Prioridade 6

Trimestral/Semestral/Anual, ou seja, este tipo de serviço possui uma característica de paradas programadas, que, se não forem realizadas conforme planejado, podem vir a se tornar um serviço com qualquer nível de prioridade apresentado acima (Prioridades 1, 2, 3, 4 ou 5).

DESENHO 4 – PRIORIZANDO OS SERVIÇOS.

O método de classificação das **Prioridades 1 / 2 / 3 / 4 / 5 / 6** dos serviços solicitados pode ser conhecido pelo fluxograma apresentado a seguir:

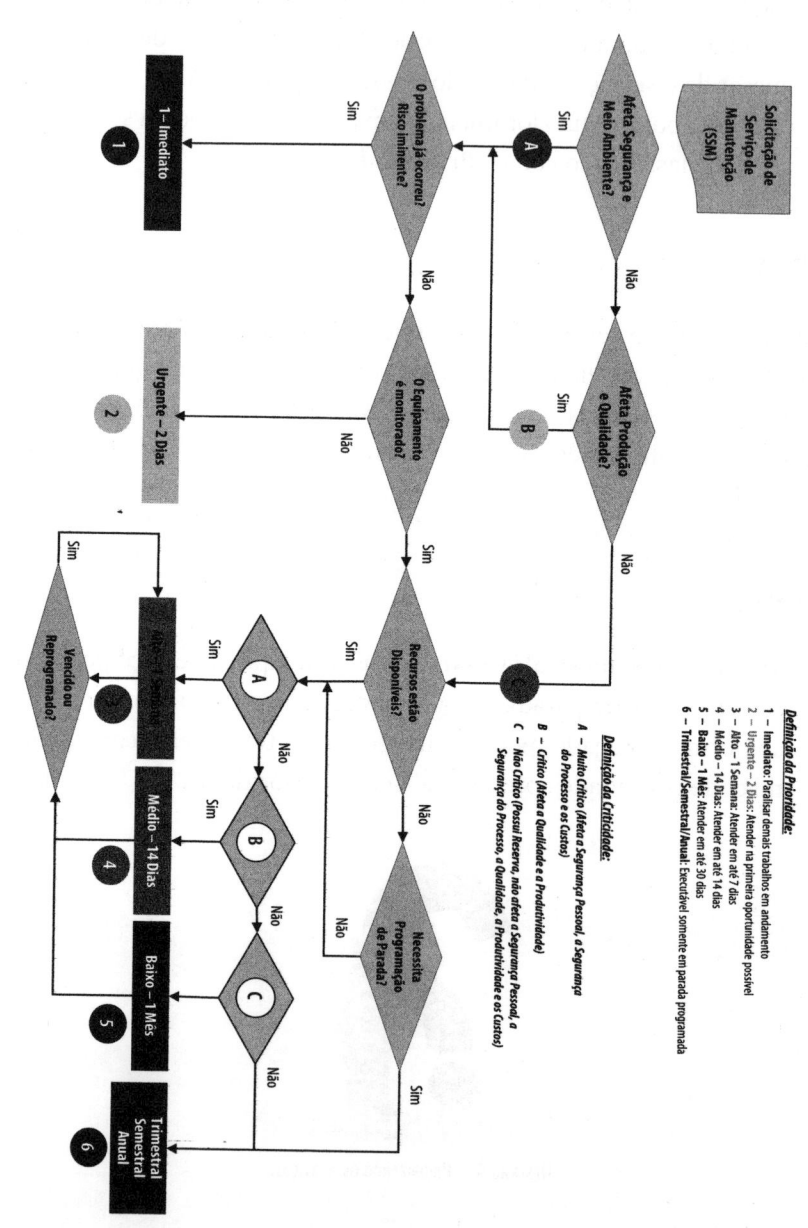

Figura 1: Diagrama de Definição das Prioridades dos Serviços de Manutenção.

Fluxograma dos Processos de Manutenção

22 Indicadores de Desempenho Básicos de Manutenção

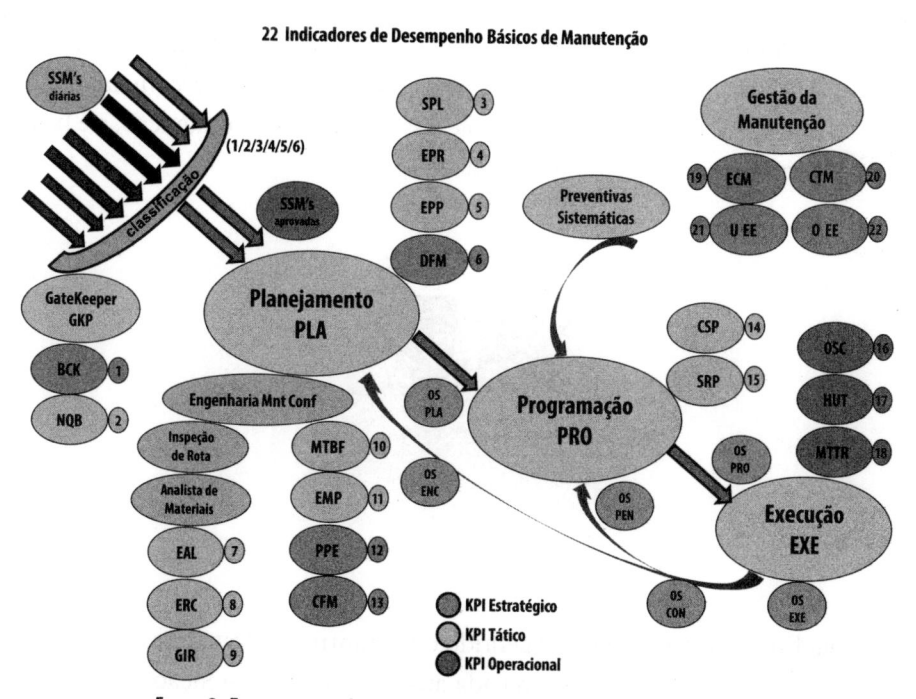

Figura 2: Fluxograma da Sequência Estruturada dos Processos de Manutenção.

PLANEJADOR DOS SERVIÇOS

O cumprimento da **Função Planejamento** é vital para que todas os serviços aprovados pela classificação anterior possam ser programados de maneira estratégica, no sentido de garantir o cumprimento corretamente, considerando os aspectos da segurança, impactos ambientais, produtividade e custos relacionados.

Planejar não é obter as soluções perfeitas, e sim fazer o melhor possível com recursos limitados.

O **Planejamento** das Ordens de Serviço é a melhor maneira de obtermos as tarefas corretas *"prontas para serem realizadas"*.

O **Planejamento** também possui como responsabilidade a coleta das informações e o cálculo de todos os **Indicadores de Desempenho**, que compõem o universo de controle das práticas de manutenção, e é base para a governança na manutenção.

DESENHO 5 – PLANEJADOR DE SERVIÇOS.

Esta função é estratégica no sentido de garantir o correto equilíbrio entre todos os recursos envolvidos em cada atividade de manutenção.

Através desta função é gerada a **Ordem de Serviço Planejada (OS PLA)**, que possui como característica principal estar "pronta" para ser realizada, dependendo apenas da programação estratégica para ser distribuída nas oficinas de manutenção.

Esta função possui como característica também a determinação do "O QUÊ?" deve ser realizado como atividade de manutenção nos ativos físicos, e "COMO?" as atividades devem ser executadas, como um padrão de detalhamento, contribuindo muito para:

O entendimento dos técnicos mantenedores de campo quando estiverem atuando diretamente nos ativos físicos.

- A padronização do conteúdo técnico das tarefas.

- A capacitação dos técnicos mais novos.

- A linguagem unificada entre os membros das oficinas de manutenção.

- A qualidade da informação compartilhada com os operadores dos ativos físicos.

- A determinação dos padrões de tempo para cada atividade a ser realizada.

- A multiplicação dos padrões de trabalho para os ativos físicos similares.

ANALISTA DE MATERIAIS

Esta função possui como principal objetivo acompanhar o fluxo dos serviços aprovados a serem realizados, a necessidade de recursos materiais e o alinhamento entre os recursos planejados, para a garantia de que os serviços programados possam ser realizados sem nenhum atraso ou nenhuma pendência.

O analista realiza o acompanhamento periódico dos prazos de ressuprimento junto à área de Suprimentos e os volumes dos materiais armazenados no almoxarifado, considerando os estoques máximos, mínimos e de emergência.

DESENHO 6 – ANALISTA DE MATERIAIS

O analista de materiais também acompanha a taxa de *"Giro de Estoque"* dos materiais de manutenção, no sentido de garantir que a empresa tenha a menor quantidade de material necessário para suas atividades planejadas diariamente, sem comprometer os materiais considerados como *"Garantia Operacional"*, ou seja, críticos para o processo produtivo, propiciando o melhor custo dos materiais armazenados no almoxarifado.

Esta função é estratégica no sentido de contribuir diretamente com a confiabilidade dos serviços de manutenção.

ENGENHEIRO DE MANUTENÇÃO

A função da **Engenharia de Manutenção** é de suporte técnico especializado, na garantia da existência de procedimentos, instruções de trabalho, planos de inspeção de rota eletromecânica e lubrificação, planos de manutenção preventiva sistemática, planos preditivos etc., atualizados e revisados continuamente.

Esta função apoia, viabiliza e coordena todas as atividades das equipes de inspeção técnica eletromecânica, na qual são compostas por operadores e mantenedores que possuem como atividade principal a realização das inspeções de rota, na identificação de qualquer desvio no cumprimento da função de qualquer ativo físico.

A **Engenharia de Manutenção** contribui para o **Planejamento de Manutenção** no cálculo dos **Indicadores de Desempenho**.

A Engenharia de Manutenção atua na busca do desenvolvimento e implantação de soluções para manutenção, na logística correspondente, no desempenho da manutenção de classe mundial e no desenvolvimento de serviços globais e de satisfação da empresa.

A Engenharia de Manutenção opera também como suporte à área de Gestão de Manutenção, desenvolvendo auditorias, redesenho de processos, implantações e processos de engenharia de melhorias.

Ainda como engenharia de melhorias, atua na melhoria contínua sustentável dos processos na empresa, trabalhando com metas, análise e coleta de dados, mostra de tendências, análise das melhorias, ajustes em planos de manutenção corretiva planejada, preventiva, preditiva e sensitiva, e em planos de melhorias e resultados de monitoramento.

Sob o ponto de vista da Engenharia de Manutenção, podemos gerir um equipamento na condição de mantê-lo operando conforme necessidade do processo produtivo, ou modificá-lo para que o mesmo venha a atender a uma exigência deste mesmo processo.

DESENHO 7 – ENGENHEIRO DE MANUTENÇÃO.

Estas duas situações possíveis fazem com que tenhamos a necessidade de atingirmos um nível de controle de tal maneira que possamos atuar de forma mais produtiva para a empresa. Para que tenhamos o domínio sobre os equipamentos e as instalações, temos que atingir uma condição de conhecimento amplo dos ativos, nos aspectos operacionais e técnicos relacionados ao comportamento durante o período a ser estudado.

Os serviços especializados de Engenharia de Manutenção têm sua abrangência principal relacionada aos serviços de Gerenciamento das Ações de Estratégia da Manutenção, como segue:

- Buscar consistentemente a otimização de custo global de manutenção, com o aumento contínuo do desempenho dos equipamentos produtivos da empresa, de forma a alcançar os Fatores Críticos de Sucesso (FCS).

- Revisar o Sistema Informatizado de Gerenciamento da Manutenção (CMMS): incluindo tanto uma análise em termos de abrangência e utilização do sistema, bem como a equipe de profissionais que implantará as correções e /ou alterações que se fizerem necessárias, pois a plena utilização do CMMS é a pedra fundamental para a correta execução e controle de todos os serviços, e gerará, a partir de uma única fonte, todos os relatórios Gerenciais e Operacionais.

- Analisar e consolidar a lista de equipamentos, com base nas listagens existentes, fluxogramas de processo e folhas de dados técnicos, fornecidos pela engenharia ou obtidos junto aos fabricantes e fornecedores.

- Revisar os Planos de Manutenção Preventiva Sistemática (baseados no tempo e em medidores), Condicional (rotas para análise de vibração, termografia, análises de óleo isolante e lubrificante etc.), Rotas de Inspeção para os equipamentos críticos e dos Planos de Lubrificação e de Calibração de instrumentos críticos, conforme a criticidade definida pela engenharia.

- Analisar as listas de peças sobressalentes, com base em consulta a catálogos, manuais, desenhos, fabricantes, fornecedores e experiência adquirida.

- Revisar os planos de trabalho padronizados para os serviços corretivos mais comuns (por exemplo, troca de rolamentos, revisão em bombas etc.).

- Codificar e criar as árvores de falhas (problemas e causas) para famílias de equipamentos, famílias estas a serem definidas em comum acordo com o cliente.

- Codificar e elaborar as listas de ferramentas especiais, máquinas e instrumentos de medição.

- Suportar na administração dos contratos de prestadores de serviços especializados e otimizar estes modelos, por exemplo, para remuneração por desempenho.

O Grupo de Engenharia de Manutenção tem as seguintes funções e responsabilidades dentro do seu escopo de trabalho:

- **Na Organização e Administração:**

  - Desenvolver e assegurar o acompanhamento do programa de manutenção preventiva.

  - Criar o dossiê dos equipamentos e assegurar que as peças de reposição de qualidade estão estocadas em quantidade suficiente.

  - Fornecer suporte técnico para os grupos de planejamento e de operação.

  - Analisar o histórico de equipamentos e propor medidas corretivas apropriadas.

  - Preparar as especificações técnicas e propor métodos de trabalho padronizados.

  - Assegurar que as necessidades de manutenção estão sendo respeitadas durante os projetos.

  - Participar da elaboração dos programas de treinamentos de manutenção.

  - Assegurar o uso da mais atualizada tecnologia no suporte às práticas de manutenção.

  - Avaliar o programa de gerenciamento de manutenção.

  - Avaliar o estado dos ativos físicos.

- **No Planejamento e Programação:**

  - Fornecer suporte técnico alinhado com as necessidades da empresa.

  - Verificar os históricos dos equipamentos para se certificar da pertinência das informações assertivas com qualidade.

  - Desenvolver padrões, normas e realizar a revisão das especificações técnicas dos equipamentos.

  - Analisar os dados de desempenho e recomendar as ações corretivas apropriadas.

  - Providenciar a inclusão de peças sobressalentes no estoque e assegurar um nível adequado destas peças.

  - Participar de reuniões de avaliação da programação semanal.

  - Desenvolver e acompanhar a programação de serviços periódicos em colaboração com outros grupos envolvidos.

  - Fornecer um planejamento para os projetos mais complexos.

- **Na Manutenção Preventiva:**

  - Preparar um inventário de todos os equipamentos considerados críticos.

  - Estabelecer o tempo necessário para cada inspeção em colaboração com os grupos de planejamento e de manutenção.

  - Preparar o plano mestre de manutenção preventiva em cooperação com os grupos envolvidos.

  - Assumir responsabilidade pela implantação e acompanhamento de sessões de treinamentos em testes não-destrutivos.

  - Fornecer apoio aos inspetores nos testes não-destrutivos.

- Analisar regularmente as tendências dos tipos e origens dos serviços de manutenção a fim de ajustar o programa de manutenção preventiva.

- Analisar regularmente o histórico para avaliar os resultados de inspeções e rever as frequências das mesmas.

- Analisar mensalmente os resultados do programa de manutenção preventiva e relatar a gerência.

- Desenvolver/revisar as folhas de inspeção e suas rotas.

- Conduzir uma avaliação mensal aleatória da frequência e duração de pelo menos uma rota de inspeção.

- Revisar anualmente a rentabilidade do programa de manutenção preventiva.

- Reavaliar o calendário dos serviços periódicos de acordo com os resultados das inspeções da manutenção preventiva.

- Revisar os relatórios dos acidentes/incidentes, tais como tomar providências necessárias para o programa de manutenção preventiva.

- **No Controle de Gerenciamento de Manutenção:**

  - Analisar os aspectos globais dos dados de gerenciamento de manutenção.

  - Efetuar análises específicas, participar na preparação do plano de gerenciamento.

  - Analisar as metas e/ou orçamentos e identificar os setores de alto custo e sugerir melhorias.

- **Na Estratégia de Manutenção:**

  - Implantar os conceitos de perdas & custos e dos indicadores de Manutenção Produtiva Total (TPM), desenvolvendo sistematicamente a metodologia do PDCA.

  - Identificar as oportunidades e implantar a metodologia de Manutenção Enxuta Centrada na Confiabilidade (MEC2) nos equipamentos críticos.

PROGRAMADOR ESTRATÉGICO DOS SERVIÇOS

O cumprimento da *Função Programação Estratégica* é vital para que todas as atividades solicitadas diariamente através da rotina de necessidades das áreas produtivas e de apoio, as atividades vinculadas às preventivas sistemáticas nas quais são disparadas conforme o vencimento do gatilho de controle, que pode ser pelo controle da data (calendário), pelo tempo em horas (horímetro), dias, semanas, meses ou anos, ou pelo controle através do quilômetro rodado dos equipamentos móveis (odômetro), e também através de todas as atividades a serem reprogramadas (provenientes das *Ordens de Serviços Pendentes (OS PEN)*), que possam ser realizadas corretamente, no atendimento às necessidades dos ativos físicos vinculados aos processos produtivos.

Através desta função é gerada a **Ordem de Serviço Programada (OS PRO)**, que possui como característica principal garantir a melhor aplicação do recurso pessoal (ativo humano), na melhor distribuição de Homem-Hora (HH) das equipes técnicas da manutenção.

DESENHO 8 – PROGRAMADOR DOS SERVIÇOS

A programação estratégica de manutenção também contribui para a condição do menor impacto produtivo possível, fazendo com que esta prática esteja totalmente alinhada com a estratégia da programação e controle da produção (PCP).

Esta função possui como característica também a determinação do *"QUEM?"* deve realizar as atividades de manutenção nos ativos físicos e *"QUANDO?"* as atividades devem ser executadas, contribuindo muito para:

- A melhor distribuição dos serviços pelos membros das equipes técnicas de manutenção.

- A realização dos serviços conforme planejados, no escopo dos serviços, no tempo determinado e no custo aprovado.

- A qualidade dos registros dos serviços realizados.

- A correta preparação dos serviços a serem realizados.

- O controle do Supervisor sobre as equipes técnicas de campo.

- A sequência correta entre um serviço e outro.

SUPERVISOR DAS EQUIPES DE MANUTENÇÃO

O trabalho do Supervisor de Manutenção é fazer com que o trabalho das equipes de campo seja concluída no tempo programado, dentro do orçamento aprovado e com segurança máxima (*Zero Incidente*).

O Supervisor pode ser muito conhecido na empresa, ter facilidades de tramitação em todos os departamentos, ser um grande comunicador, ser um instrutor dedicado e possuir grande experiência de realização de atividades de manutenção de campo, mas somente estas características apresentadas não podem garantir que o Supervisor obtenha sucesso garantido nas suas práticas diárias de trabalho.

O que realmente vai garantir os melhores resultados das práticas de Supervisão em um Departamento de Manutenção é o fato de o Supervisor estar constantemente ativo em campo, acompanhando, analisando, corrigindo e validando os serviços realizados por suas equipes técnicas, com o principal objetivo de garantir a produtividade, a disponibilidade e a confiabilidade dos ativos físicos da empresa.

DESENHO 9 – SUPERVISOR.

O Supervisor deve equilibrar as atividades administrativas de controle, tais como o controle e a distribuição dos serviços a serem realizados pelas equipes técnicas de campo, o contato com os fornecedores de produtos e serviços, a relação interna direta com as áreas de Suprimentos, Almoxarifado, Recursos Humanos, Produção, Segurança do Trabalho, a elaboração de relatórios técnicos, o controle dos Indicadores de Desempenho Operacionais da sua área, com as atividades técnicas de campo, pois é no contato direto com a equipe técnica durante a execução das atividades de Manutenção que o Supervisor pode agregar valor à contribuição direta com a qualidade do serviço realizado e entregue pela Manutenção.

Para o Cumprimento da **Função Supervisão**, na garantia de que os serviços sejam realizados com qualidade, segurança e confiabilidade, estão sendo apresentados a seguir **11** funções estratégicas, em que o Supervisor deve:

Monitorar o Desempenho dos Serviços de Campo

O supervisor sabe, através da sua experiência técnica, quanto tempo cada tarefa deve levar para ser realizada e deve verificar periodicamente durante o dia. Por exemplo, um serviço de 4 horas emitido pela manhã deve ser realizado até a parada para o almoço.

Quando os serviços não são realizados conforme programados, o Supervisor experiente deve atuar diretamente sobre a melhor forma de intervir. Em alguns casos, a solução pode ser a ajuda logística, ajudando com os materiais sobressalentes ou com o manuseio das ferramentas, ou fornecendo orientação técnica sobre como a atividade deve ser realizada.

Ser Amigo

Em função de viver em sociedade, e dependermos um dos outros para sobreviver, todos necessitam de um amigo. É importante para o técnico da oficina saber que possui uma pessoa que ouve, apoia, orienta e protege sua equipe. Esta característica de atuação em grupo é fundamental para a boa condução de atividades, as quais requerem que o resultado programado seja conquistado através dos esforços de pessoas diferentes.

Ser Treinador

Os supervisores não estão todo o tempo em campo acompanhando as atividades técnicas diárias. Apesar disto, devem utilizar a maior parte do tempo acompanhando, analisando, corrigindo, validando e, sempre que necessário, orientando e treinando os técnicos na função da execução das atividades de campo, mesmo que não esteja manuseando nenhuma ferramenta.

O resultado do seu trabalho é obtido através dos serviços realizados pelas suas equipes técnicas.

Ser Responsável pela Documentação

Na função de Supervisor, como responsável pelas oficinas técnicas de Manutenção, além dos manuais dos equipamentos e dos catálogos técnicos, existe uma grande quantidade de documentos gerados pela empresa diariamente, tais como a Ordem de Serviço nas suas diferentes modalidades (corretivas não planejadas, preventivas por condição, corretivas planejadas, preventivas sistemáticas, preditivas sensitivas etc.), as análises preliminares dos riscos associados com as atividades de campo, as permissões de trabalho, os laudos técnicos dos equipamentos, os novos projetos apresentados pela área de Engenharia de Projetos, os procedimentos de manutenção e as instruções de trabalho etc. as quais interagem diretamente com a Função Supervisão, que deve manter atualizados na principal garantia da qualidade da informação registrada em cada documento.

São estes documentos que garantem que as atividades de manutenção estão sendo realizadas conforme programadas, na melhor contribuição para os resultados operacionais.

Ser o Monitor constante dos Serviços Preventivos

O Supervisor deve garantir que os serviços preventivos sejam cumpridos conforme planejados e devem ser realizados em campo conforme o roteiro de atividades apresentado nas Ordens de Serviços.

Desta maneira, o Supervisor deve apresentar para sua equipe técnica de campo uma lista de atividades orientada e atualizada, no sentido de conduzir o técnico a uma sequência de trabalho correta, facilitando a execução dos serviços, e a confirmação pelo Supervisor de que realmente os serviços foram realizados conforme programados.

A assertividade da realização dos serviços de campo depende da qualidade dos Planos de Manutenção e da profundidade com a qual as tarefas são apresentadas para os técnicos das oficinas.

Ser o Professor (Mentor)

O Supervisor deve orientar continuamente os técnicos da sua equipe.

Os técnicos possuem facilidades em algumas áreas, diferentes de outras, apesar da mesma especialidade, e esta percepção deve fazer parte da melhor estratégia durante a distribuição dos serviços diários nas oficinas.

DESENHO 10 – SUPERVISOR – PROFESSOR.

Atuando desta maneira, os resultados serão melhores e será mais fácil identificar as oportunidades de desenvolvimento e formação das suas equipes.

SER O PROTETOR MAS COM VIGILÂNCIA

Principalmente no lado ocidental do mundo em que vivemos, especialmente na região dos países latinos, as pessoas pensam que as "regras" foram elaboradas para serem "quebradas".

As pessoas estão o tempo todo desafiando os processos de trabalho e correndo riscos desnecessários. Estas práticas aumentam os perigos nos locais de trabalho.

O Supervisor necessita conhecer as regras, praticá-las como um exemplo correto e direto, e aplicá-las no sentido de acompanhar e disciplinar todos os membros da sua equipe.

SER TERAPEUTA

Todas as pessoas possuem seus próprios problemas e dificuldades (pessoais, familiares, financeiros etc.) que concorrem diariamente com suas práticas de trabalho.

Cabe ao Supervisor identificar estas condições na sua equipe, procurar trabalhar estes pontos de maneira a separar o compromisso e as atividades técnicas das questões pessoais, no sentido de obter a melhor resposta das atividades de campo conforme programadas.

Em alguns casos, é necessário que o Supervisor tenha que direcionar um colaborador para um serviço especializado de psicologia ou assistência social.

Ser Responsável pela Garantia da Qualidade

O Supervisor deve ser responsabilizado pela qualidade dos serviços realizados pelas suas equipes técnicas de campo.

Quando ocorrer alguma evidência real de problema na qualidade do serviço prestado pela sua equipe, o Supervisor deve identificar a causa raiz do problema, como, por exemplo, falta de conhecimento ou habilidade, falta de aptidão, falta de resistência física, falta de atitude ou atitude ruim, falta da ferramenta adequada para o tipo de serviço, falta de uma condição de trabalho correta, falta de tempo para realizar todo o serviço programado, falta de recurso material adequado, falta de qualidade da peça sobressalente ou falta de atenção por um problema provocado fora do ambiente da oficina.

Imediatamente o Supervisor deve proporcionar a melhor solução no sentido de evitar que qualquer desvio possa interferir na qualidade do serviço a ser realizado no equipamento, prejudicando a produtividade, a disponibilidade e a confiabilidade do processo produtivo.

Ser o Fiscal da Segurança

O Supervisor, como responsável pela oficina e por sua equipe, deve estar sempre atento a qualquer prática de trabalho insegura, seja por uma atividade realizada por um membro da sua equipe, por um terceiro contratado ou por um visitante.

Uma prática insegura pode ser caracterizada por uma atividade de campo na oficina ou no equipamento durante os deslocamentos na empresa, ou simplesmente pela falta da utilização dos equipamentos de proteção individuais da maneira correta.

O Supervisor deve fiscalizar, orientar e cobrar as práticas de segurança corretas para todas as atividades técnicas de manutenção que sejam realizadas na empresa.

DESENHO 11 – SUPERVISOR SEGURANÇA.

SER O LÍDER DO PROGRAMA DOS 5'S

Todas as atividades realizadas pelas equipes de manutenção devem atender aos requisitos de organização, limpeza, segurança e asseio. Para o atendimento a estes padrões, as empresas têm adotado uma metodologia baseada nos conceitos dos 5'S, que significam, respectivamente, organização, arrumação, limpeza, padronização e disciplina.

O Supervisor deve garantir que todos os serviços sejam preparados, realizados e entregues pelos técnicos das oficinas de manutenção conforme o padrão dos conceitos acima.

DESENHO 12 – SUPERVISOR SEGURANÇA.

EXECUTOR DOS SERVIÇOS

As atividades de manutenção são realizadas nos ativos físicos em campo e também nas bancadas das oficinas, por especialidade, como por exemplo:

- Mecânica / Elétrica / Instrumentação / Eletrônica / Pneumática / Hidráulica / Caldeiraria / Soldagem

O cumprimento das atividades planejadas e programadas, tanto quanto as atividades de emergência (não planejadas), requer o entendimento da importância da garantia da execução dos trabalhos com segurança e qualidade, no compromisso de atender aos tempos planejados.

DESENHO 13 – EXECUTOR DOS SERVIÇOS.

Esta etapa da execução dos serviços é o termômetro da capacidade das equipes de manutenção no atendimento à demanda gerada diariamente e deve ter nas suas lideranças a motivação necessária para manter as equipes desenvolvendo seus trabalhos, com produtividade, na entrega de ativos físicos confiáveis e prontos para o atendimento aos processos produtivos.

Pelo fato de os recursos disponíveis para a manutenção serem limitados, é necessária a melhor utilização e aplicação das equipes nos serviços diários, cuidando de todas as interferências entre as especialidades, com a correta aplicação dos recursos materiais (peças sobressalentes) e com a melhor utilização das ferramentas manuais.

O executor técnico dos serviços de campo deve:

1. Possuir conhecimento técnico específico compatível com suas atribuições diárias.

2. Possuir conhecimento geral (polivalente) compatível com as atribuições do seu departamento.

3. Possuir uma condição plena de interpretar um texto relacionado com as atividades a serem realizadas em campo, provenientes da Ordem de Serviço ou de Relatórios Técnicos.

4. Registrar todos os serviços realizados, independente do tipo de manutenção, com qualidade e assertividade, seja no documento impresso da Ordem de Serviço, seja diretamente na base de dados do sistema informatizado de gestão (software).

5. Ter a capacidade e conhecimento para acessar o sistema informatizado de gestão, localizar seu serviço e realizar o registro com qualidade.

6. Participar ativamente dos estudos de análise de falhas – causa raiz, contribuindo com sua experiência e conhecimento dos eventos ocorridos.

7. Identificar, continuamente, as oportunidades de melhoria no conteúdo técnico das Ordens de Serviços que manuseia diariamente.

8. Compreender e ter a capacidade de explicar os indicadores de desempenho (KPI's) da sua área, os quais estão sendo expostos, periodicamente, nos relatórios e quadros de gestão à vista.

9. Ter a capacidade de consultar um manual técnico de ativo físico ou um desenho de vista explodida, ou um layout.

10. Ter a capacidade de consultar o histórico dos ativos físicos, na busca de informações que possam contribuir com os serviços a serem realizados.

11. Entender que o serviço de campo não termina quando é apertado o último parafuso, e sim quando todas as informações técnicas detalhadas, dos serviços realizados, já estejam registradas nas Ordens de Serviço ou no sistema informatizado de gestão.

12. Entender a importância da qualidade e assertividade do registro nos resultados da manutenção.

GESTOR DA MANUTENÇÃO

Esta etapa do processo de manutenção é responsável pela determinação das diretrizes e caminhos vinculados às metas organizacionais, desdobradas aos processos de manutenção.

O gestor da manutenção controla também as questões orçamentárias de todos os custos, diretos e indiretos, relacionados com as atividades diárias das equipes especializadas, contemplando os serviços realizados por equipes próprias e também por terceiros.

DESENHO 14 – GESTOR DA MANUTENÇÃO.

O gestor da manutenção é o responsável pela garantia de que todas as etapas do fluxo dos processos de manutenção estejam operando de uma maneira alinhada, com todos os controles atualizados, os documentos padronizados e os registros garantidos.

O gestor deve:

1. Garantir que a *FunçãoGatekeeper* esteja sendo realizada corretamente, com o contato direto entre a manutenção e a produção.

2. Acompanhar o cumprimento da *Função Planejamento,* que é vital para a garantia das Ordens de Serviços prontas para serem realizadas, conforme a demanda de trabalho exigida.

3. Garantir que o *Programador* possa priorizar corretamente as atividades conforme a importância, realizando a programação semanal, com uma visibilidade de 3 (três) semanas adiante, no modelo S+3, sempre integrando a programação das Ordens de Serviço planejadas com as manutenções preventivas sistemáticas periódicas, incluindo as inspeções de rota operacionais e de manutenção, com a programação dos serviços pendentes, que por algum motivo não foram realizados e, portanto, devem ser reprogramados.

4. Acompanhar periodicamente os serviços realizados pelas oficinas, garantindo que o *Supervisor* esteja focado na função de acompanhar as equipes de campo, orientando continuamente e capacitando na prática os técnicos especialistas, com o objetivo do melhor serviço, no atendimento aos padrões de segurança, qualidade, meio ambiente, produtividade e confiabilidade dos ativos físicos, verificando continuamente se o *Supervisor* não está realizando uma atividade diferente com a qual se espera com o cumprimento da *Função Supervisão.*

5. Motivar e proteger continuamente sua equipe, em função do ambiente propiciado pelos outros departamentos da empresa, e estar sempre buscando o alinhamento com o *Gestor da Produção,* seu aliado direto na *Função Produzir,* e também dos Gestores responsáveis pelo *Almoxarifado* de peças sobressalentes, e da área de *Suprimentos,* as

quais abastecem a manutenção com todos os recursos materiais necessários para que as equipes de campo não tenham nenhuma dificuldade com relação ao provisionamento dos recursos para a realização das suas atividades diárias.

Portanto, o Gestor da Manutenção é responsável pela *Governança da Manutenção*, fazendo com que toda a sua estrutura organizacional possa trabalhar de uma maneira alinhada com os objetivos estratégicos da empresa, e para qualquer tipo de obstáculo encontrado possa atuar diretamente para garantir a melhoria dos processos, buscando sempre a otimização, evitando que as equipes de campo possam ter qualquer tipo de impacto negativo na produtividade.

O Gestor deve identificar qualquer dificuldade no relacionamento entre os colaboradores da sua equipe e imediatamente corrigir qualquer desvio encontrado entre o comportamento ou a atitude destes profissionais, pois o foco deve ser mantido no resultado das atividades de campo realizadas pelos colaboradores da manutenção, sempre buscando a melhor sintonia entre as diversas funções, propiciando o melhor resultado para a empresa.

QUESTÕES RELACIONADAS A ESTE CAPÍTULO

1. Descrever a importância da Função "Gatekeeper".

2. Apresentar 3 características da função do "Gatekeeper" no Fluxo dos Processos de Manutenção.

3. Apresentar 3 características da função do Planejador de Manutenção no Fluxo dos Processos de Manutenção.

4. Apresentar 3 características da função do Programador de Manutenção no Fluxo dos Processos de Manutenção.

5. Apresentar 3 características da função do Supervisor de Manutenção no Fluxo dos Processos de Manutenção.

6. Apresentar 3 características da função do Engenheiro de Manutenção no Fluxo dos Processos de Manutenção.

7. Apresentar 3 características da função do Inspetor Técnico de Manutenção no Fluxo dos Processos de Manutenção.

8. Apresentar 3 características da função do Analista de Materiais no Fluxo dos Processos de Manutenção.

9. Apresentar 3 características da função do Técnico de Manutenção no Fluxo dos Processos de Manutenção.

10. No fluxo dos processos de manutenção, qual é a função responsável pelo provisionamento de todos os recursos necessários para o cumprimento dos serviços de manutenção?

11. Explicar o posicionamento do indicador do "Número de Quebras" (NQB) sob a responsabilidade do "Gatekeeper" (GKP).

CAPÍTULO 5

A GOVERNANÇA NA MANUTENÇÃO

"Quando se consegue que os recursos estejam sendo aplicados da melhor maneira possível, a governança na manutenção está instalada."

O processo de **governança na manutenção** é extremamente importante para que todas as práticas solicitadas e realizadas diariamente possam ser conduzidas da melhor maneira possível, no sentido de que os esforços relacionados às atividades individuais de cada colaborador estejam alinhados com os resultados projetados através do mínimo impacto no processo produtivo, contribuindo diretamente com a:

a. Confiabilidade e produtividade dos **ativos físicos**.

b. Garantia da saúde e segurança dos **ativos humanos**.

c. Viabilidade econômica dos **ativos financeiros** relacionados com as práticas de manutenção.

d. Qualidade dos **ativos da informação**, através dos documentos e registros preenchidos diariamente pelos colaboradores da empresa, desde a origem da identificação da necessidade de serviço até o registro final da atividade realizada e aprovada.

DESENHO 15 – GOVERNANÇA NA MANUTENÇÃO.

e. Imagem dos setores produtivos e de apoio operacional contribuindo com as questões dos **ativos intangíveis**, que formam toda a estratégia do negócio, com a participação decisiva e direta da manutenção nas rotinas diárias.

Esse 5 tipos de ativos mencionados estão alinhados com os conceitos da Norma **ISO-55.000** (2014), a qual trata da *Gestão Estratégica dos Ativos* da empresa.

A ISO 55.000 é um conjunto de requisitos para o processo do ciclo de vida de um sistema de gestão de ativos que, ao serem implementados e mantidos, permitem demonstrar como as organizações podem maximizar o alcance dos objetivos estratégicos e os consequentes resultados para os acionistas.

Segundo a Norma, as decisões de gestão de ativos deverão considerar as implicações econômicas, ambientais e sociais presentes e futuras, em linha com os preceitos da sustentabilidade.

A prática da governança da manutenção eficaz deve representar o alinhamento entre as diretrizes e objetivos estratégicos da empresa, com as ações e resultados da área de manutenção.

A governança da manutenção deve ser representada por um conjunto de práticas, padrões e relacionamentos estruturados, assumidos pelos gestores, coordenadores, supervisores, técnicos e a equipe operacional da empresa, com a principal finalidade de garantir as atividades, registros e controles eficazes, os processos seguros, minimizar os riscos associados às tarefas diárias, ampliar o desempenho dos processos produtivos, otimizar a aplicação dos recursos disponibilizados pela empresa, reduzir continuamente os custos, suportar as melhores decisões e, como consequência de todos os pontos mencionados, alinhar as práticas de manutenção ao negócio da empresa.

Esta definição traduz de uma maneira direta a importância da área de manutenção na empresa, a qual almeja atender à crescente demanda por aumento da qualidade de produtos e serviços, na garantia de processos padronizados, implantados e atualizados, em função da alta competitividade do mercado globalizado e na busca constante por menores custos.

a. Para que se possa aplicar uma boa prática de **governança na manutenção**, é necessário que se possa apresentar:

b. Transparência nas ações, decisões, definições e resultados apresentados através dos indicadores de desempenho.

c. Responsabilidade na condução e delegação dos trabalhos a serem realizados nas oficinas.

d. Entendimento de que as pessoas são diferentes e de que, em função disto, requerem um tratamento diferente para cada questão relacionada às práticas de trabalho.

Um processo eficiente e eficaz de controle das atividades diárias, na melhor apropriação dos recursos limitados disponíveis.

PADRÕES DE GOVERNANÇA NA MANUTENÇÃO

A atividade de governança na manutenção deve ser desenvolvida através de ações periódicas, baseadas em alguns padrões rotineiros demonstrados a seguir.

Os padrões são importantes para que as práticas de manutenção, considerando todas as especialidades, possam ser governadas de maneira sistemática e para mostrar para toda a empresa que as ações realizadas diariamente estão sob controle, alinhadas com as metas determinadas pela gerência de manutenção.

Estes padrões podem variar no formato e no conteúdo dependendo do nível de organização e maturidade das práticas de manutenção na empresa.

Agenda de Reuniões

As reuniões são importantes para que os assuntos tratados diariamente entre os colaboradores da manutenção, e da manutenção com outros departamentos, possam ser alinhados entre os participantes e que as decisões e os compromissos sejam definidos em grupo, com o consenso entre todos.

Para que todas as informações vinculadas a cada função da estrutura de manutenção possam contribuir e receber o mesmo nível e grau de informação, são realizadas reuniões periódicas para o alinhamento da estratégia, a verificação da condução de cada atividade, e, caso seja identificado algum desvio, a definição da melhor maneira de corrigir evitando a recorrência.

Estas reuniões possuem um significado coletivo, na qual a contribuição de cada um é vital para o sucesso do departamento de manutenção. As reuniões devem ser baseadas em uma pauta predefinida, com o tempo determinado, e deve ser conduzida pelo setor responsável para cada tema a ser abordado.

Estão sendo apresentadas a seguir algumas reuniões possíveis de serem realizadas, como exemplo:

a. Reunião de planejamento e programação, quando devem ser verificadas todas as atividades planejadas que irão entrar em programação. Esta reunião deverá ocorrer pelo menos 1 vez por semana.

b. Reunião de acompanhamento de produção que, em função das ocorrências diárias de falhas na produção e nos ativos físicos, é importante que seja realizada diariamente, na primeira hora do dia, para que todos os eventos ocorridos no dia anterior possam ser discutidos e alinhados entre todos os participantes. Nesta reunião devem participar os supervisores de manutenção, os planejadores, os programadores, os "Gatekeeper" e eventualmente o gestor da manutenção.

c. Reunião de análise crítica dos desvios ocorridos durante a semana, na qual são apresentados os impactos maiores no processo produtivo e com isto devem ser estudadas e identificadas as causas raízes em conjunto com um plano de ação já no formato, incluindo os responsáveis e as atividades que devem ser realizadas com seus respectivos prazos, no sentido de garantir que os processos estejam sob controle e não venham a ocorrer novamente.

d. Reunião semanal para a apresentação dos indicadores de desempenho definidos para o controle dos resultados da manutenção, diretamente relacionados com o processo produtivo, que trata do atingimento de metas, as tendências, as médias móveis e todos os processos relacionados com cada indicador analisado.

e. Reunião mensal de fechamento comparativo entre todas as atividades programadas para serem realizadas durante o mês de referência e análise, e seus respectivos indicadores, quando comparados com os resultados reais calculados no final do período.

f. Reunião semanal de custos para análise comparativa entre os valores orçados com os valores realizados e a projeção para um novo período alinhando o orçamento da manutenção com a realidade das ações realizadas diariamente, buscando sempre o equilíbrio entre os valores previstos com os resultados medidos.

g. Reunião semanal de acompanhamento de todas as ações vinculadas com as melhorias dos processos de manutenção, conduzidas pelos desvios das análises de resultados anteriores. Em função de as ações possuírem períodos de realização e prioridades diferentes, esta reunião é importante para que todos os participantes envolvidos com responsabilidades nas ações em andamento possam acompanhar os avanços e os resultados coletivamente.

Desta maneira, é necessária a programação destas reuniões com a preparação de uma agenda que possa atender a todos os representantes convocados e que possua uma periodicidade variada dependendo do assunto a ser debatido durante o encontro.

A agenda de reuniões pode ser preparada conforme o modelo sugerido a seguir:

Agenda de Reuniões Periódicas da Manutenção						
Semana	Hora	Segunda	Terça	Quarta	Quinta	Sexta
Semana 1	08 as 09					DSS
	09 as 10	SSM	SSM	SSM/MOC	SSM	SSM
	10 as 11		PPS		ASP	
	11 as 12					
	13 as 14		LAM	LAE	ARH	CTM
	14 as 15					
	15 as 16		SCM	SCE		MMG
Semana 2	08 as 09	DSS				DSS
	09 as 10	SSM	SSM	SSM/MOC	SSM	SSM
	10 as 11		PPS		ASP	
	11 as 12					
	13 as 14		LAM	LAE	ARH	
	14 as 15			PPA		
	15 as 16					
Semana 3	08 as 09					DSS
	09 as 10	SSM	SSM	SSM/MOC	SSM	SSM
	10 as 11		PPS		ASP	
	11 as 12					
	13 as 14		LAM	LAE	ARH	CTM
	14 as 15					
	15 as 16					
Semana 4	08 as 09					DSS
	09 as 10	SSM	SSM	SSM/MOC	SSM	SSM
	10 as 11		PPS		ASP	
	11 as 12					
	13 as 14		LAM	LAE	ARH	
	14 as 15					
	15 as 16					

FIGURA 3: QUADRO SEMANAL DA AGENDA DAS REUNIÕES DE MANUTENÇÃO.

DEFINIÇÃO DE PAUTA

Para que a condução das reuniões possa ser produtiva e alinhada ao objetivo de cada encontro, é necessária a preparação de uma pauta predefinida com todos os assuntos que serão abordados em cada reunião, no sentido de propiciar aos participantes uma orientação sobre o que deve estar pronto para ser apresentado durante o decorrer das reuniões.

Cada pauta deve estar associada a uma reunião e deve respeitar o tempo definido para que a reunião seja realizada.

Seguem alguns exemplos de pauta que podem ser utilizadas nas reuniões de manutenção:

- Programação de serviços para a próxima semana.

- Atividades não planejadas realizadas no período.

- Indicadores de desempenho estratégicos, táticos e operacionais.

- Análises de falhas realizadas e causa-raiz identificada.

- Custos associados com as atividades realizadas.

- Planos de ações de melhorias já em andamento.

GERENCIAMENTO DAS AÇÕES

Outra atividade importante e parte da governança de manutenção é a maneira como as ações geradas como resultado das decisões nas reuniões serão gerenciadas, acompanhadas e controladas.

O gerenciamento das ações é importante no sentido de garantir que os recursos alocados nas necessidades definidas estejam sendo aplicados corretamente, sem a geração de desperdícios e/ou improvisações que podem levar as atividades a um nível de risco no cumprimento conforme o prazo definido, e também a um risco para os aspectos de segurança pessoal, patrimonial e ambiental.

Programa de Reuniões Periódicas da Manutenção						Funções Participantes				
Item	Reunião	Sigla	Responsável	Frequência	Duração (minutos)	Gerente Manutenção	Gerente de Engenharia	Engenheiro Manutenção Mecânica	Engenheiro Manutenção Elétrica	Engenheiro Automação Pleno PCS
1	Diálogo Semanal de Segurança	DSS	Gerente Manutenção	Semanal	15	X	X	X	X	X
2	Solicitações de Serviços de Manutenção	SSM	Planejador de Manutenção	Diária	30					
3	Planejamento e Programação de Serviços	PPS	Planejador de Manutenção	Semanal	30			X	X	X
4	Avaliação dos Serviços Planejados	ASP	Planejador de Manutenção	Semanal	45	X	X	X	X	X
5	Acompanhamento dos Recursos Materiais	ARH	Planejador de Manutenção	Semanal	30					
6	Planejamento das Paradas	PPA	Planejador de Manutenção	Mensal	45	X	X	X	X	X
7	Manutenção Mensal Geral	MMG	Gerente Manutenção	Mensal	60	X	X	X	X	X
8	Lições Aprendidas Mecânica	LAM	Engenheiro Mecânico	Semanal	45			X		
9	Lições Aprendidas Elétrica & PCS	LAE	Engenheiro Elétrico	Semanal	45		X		X	X
10	Serviços Contratados Mecânicos	SCM	Engenheiro Mecânico	Mensal	30			X		
11	Serviços Contratados Elétricos e PCS	SCE	Engenheiro Elétrico	Mensal	30				X	X
12	MOC (Management of Change)	MOC	Assistente Administrativo	Semanal	120	X	X	X	X	X
13	Custo de Manutenção	CTM	Gerente Manutenção	Quinzenal	45	X	X	X	X	X
14	HAZOP	HAZ		Mensal						

FIGURA 4: PROGRAMA DE REUNIÕES PERIÓDICAS DA MANUTENÇÃO.

O gerenciamento das ações deve prover:

- Assertividade do cumprimento dos prazos definidos.
- Riscos controlados durante a execução das atividades.
- Aplicação correta dos recursos disponibilizados pela empresa.
- Garantia da utilização dos dispositivos de segurança pessoal.
- Controle total sobre os serviços de terceiros.

Funções Participantes									
Programa de Reuniões Periódicas da Manutenção									
Supervisor de Manutenção Mecânica	Líder de Manutenção Mecânica	Líder de Manutenção Elétrica	Líder de Instrumentação	Técnico de Manutenção Mecânica	Técnico de Manutenção Elétrica	Técnico de Instrumentação	Técnico de Almoxarifado	Assistente Administrativo	Objetivo da Reunião
X	X	X	X	X	X	X	X	X	Reciclar os cuidados com o Trabalho Seguro, e as questões Ambientais
X	X	X							Checar as Solicitações de Serviços diárias, definir prioridade, acompanhar as solicitações pendentes
									Definir o planejamento e a programação semanal e mensal, com o propósito de liberar o ativo físico, e prover os recursos
								X	Feedback do planejamento semanal e as melhorias necessárias
							X		Follow-up dos recursos materiais adquiridos
									Avaliar as atividades da parada, e as principais atividades dos próximos quatro meses
X	X	X	X	X	X	X	X	X	Analisar as principais perdas e os custos dos TOP 10, e definir as ações de melhorias. Apresentar os KPI's
X	X		X						Analisar as principais atividades realizadas, os ganhos e as experiências adquiridas
		X	X		X	X			Analisar as principais atividades realizadas, os ganhos e as experiências adquiridas
X	X								Avaliar os contratos quanto a segurança, qualidade e produtividade. Validar o pagamento mensal
		X	X			X			Avaliar os contratos quanto a segurança, qualidade e produtividade. Validar o pagamento mensal
								X	Analisar as modificações dos processos e serviços existentes
X									Apresentar e analisar os custos de manutenção conforme os valores orçados

- Antecipação de qualquer desvio na qual possa prejudicar o avanço das atividades programadas.

- Identificação de melhoria contínua para os próximos serviços a serem gerenciados.

- Registros das atividades realizadas com qualidade na informação compartilhada com os colaboradores, e nos dados cadastrados na base de dados do sistema informatizado de gestão.

Relatório Gerencial e Operacional

Em função da grande quantidade de informação gerada diariamente pelas equipes especializadas de manutenção, é necessário que as informações estratégicas pré-definidas, sejam compiladas em um formato padronizado de relatório.

Estes relatórios representam a oportunidade de apresentação, de uma forma padronizada, dos resultados das diversas atividades realizadas pelas equipes especializadas de manutenção.

Os relatórios podem ser divididos em gerencial e operacional, em virtude do tipo e abrangência das informações.

- O **"Relatório Gerencial"** possui um caráter estratégico, deve ser entendido como base para tomada de decisão estratégica na empresa, e deve fornecer informações relacionadas aos resultados da manutenção, e sua estrutura deve seguir o seguinte padrão:

  - Resumo Executivo, com as principais atividades realizadas pelas equipes de manutenção, com impacto no processo produtivo.

  - Principais atividades programadas x atividades realizadas.

  - Principais melhorias realizadas nos ativos físicos, com grande impacto no fluxo do processo produtivo.

  - Principais desvios de cumprimento dos planos preventivos sistemáticos.

  - Principais intervenções não planejadas com grande impacto no fluxo do processo produtivo.

- Representação gráfica dos indicadores de desempenho estratégicos, tais como, Disponibilidade Física por Manutenção (DFM), Produtividade Pessoal da Manutenção (PPE), Confiabilidade Física por Manutenção (CFM), Eficiência dos Custos de Manutenção (ECM), Custo Total de Manutenção (CTM), Eficácia Total do Desempenho dos Ativos Físicos (UEE), Eficácia Global dos Ativos Físicos (OEE).

- O **"Relatório Operacional"** possui um caráter tático, deve ser entendido como base para tomada de decisão tática na empresa, e deve fornecer informações relacionadas aos serviços realizados pela manutenção, e sua estrutura deve seguir o seguinte padrão:

- Resumo operacional, com as principais atividades realizadas pelas equipes de manutenção, com impacto nos processos de manutenção.

- Representação gráfica dos indicadores de desempenho operacionais de manutenção, tais como, Backlog (BCK), Número de Quebras (NQB), Serviços Planejados (SPL), Eficiência do Planejamento de Rotina (EPR), Eficiência do Planejamento de Parada (EPP), Tempo Médio entre Falhas (MTBF), Execução de Manutenção Preventiva (EMP), Carga de Serviço Programado (CSP), Serviço Reprogramado (SRP), Ordem de Serviço Concluída (OSC), Horas Utilizadas (HUT) e Tempo Médio para Reparo (MTTR).

QUADRO DE GESTÃO À VISTA

A gestão à vista contribui para o compartilhamento dos resultados, o trabalho em equipe, a identificação de desvios, e se caracteriza pela representação direta do resultado do trabalho do processo na qual o quadro está representando.

O quadro de gestão à vista teve sua origem na indústria.

Para que o quadro de gestão esteja alinhado com os objetivos estratégicos da empresa, é necessário identificar que tipo e quantidade de informação deve ser divulgada e de que maneira as informações serão expostas nos setores.

A maior dificuldade de um quadro de gestão à vista é manter atualizadas todas as informações divulgadas, pois, em função do dinamismo do fluxo diário de comunicação na empresa, é preciso que seja definido o sistema de coleta de informações para que se mantenha o quadro sempre atualizado.

É necessário que todos os colaboradores envolvidos estejam comprometidos com o conteúdo do quadro e utilizem a gestão à vista em prol do seu trabalho na empresa, através dos processos pelo qual é responsável.

A gestão à vista gera dois benefícios para a manutenção:

- Compartilha os bons resultados com os envolvidos, garantindo colaboradores motivados e participativos; e

- Apresenta os resultados ruins, que devem ser observados com mais detalhes, estudados e corrigidos.

Se a assimilação das informações pelos colaboradores da manutenção for mais fácil, isso possibilitará uma condição para que os próprios colaboradores possam tomar uma ação quando o desempenho estiver abaixo da meta determinada, sem a necessidade de o supervisor ficar todo o tempo cobrando melhores práticas da equipe, contribuindo diretamente para a produtividade, para o trabalho em equipe e um bom clima no ambiente de trabalho.

O quadro de gestão à vista propicia a escolha do melhor caminho, gera segurança para as ações estratégicas, deve ser muito simples, apresentar um bom padrão de comunicação, estar sempre atualizado e sempre estar acessível.

As informações devem ser organizadas de uma maneira padronizada, no sentido de facilitar a assimilação por parte dos colaboradores, e também para que todas as vias de contribuição com algum tipo e profundidade de informações possam ser convergidas em apenas um canal de compilação dos diversos dados manuseados diariamente.

Dependendo da qualidade da informação divulgada em um quadro de gestão à vista, a priorização das atividades diárias pode ser prejudicada, dificultando a todos a classificação do que é realmente importante para ser realizado em cada circunstância.

Desta maneira, é importante a atenção em alguns pontos que formam os conceitos básicos de um quadro de gestão à vista:

- **Não confundir beleza e apresentação com objetividade:**

  - Controlar a quantidade e o padrão das cores utilizadas nos gráficos e tabelas.

  - Garantir que as informações apresentadas no quadro tenham total aderência com todos os colaboradores envolvidos com os resultados.

- **Estar disponível na rede de dados da empresa:**

  - Evitar a gravação de informações de resultados em computadores pessoais, que não estejam integrados ao sistema corporativo da empresa.

  - Garantir que todos os resultados a serem disponibilizados para consulta estejam na mesma base de consulta para todos os colaboradores.

- **Não misturar e confundir quadro de gestão à vista com o "Balanced Scorecard":**

  - O quadro de gestão à vista apresenta resultados periódicos por um determinado momento, conforme a abrangência de cada processo medido.

  - O "Balanced Scorecard" apresenta a evolução ao longo do tempo para metas específicas e determinadas pelos processos que estão sendo medidos.

- **Destacar as informações mais importantes:**

  - Não tratar todas as informações nos quadros de gestão à vista com o mesmo grau de importância.

  - Apresentar as informações mais importantes em locais estratégicos e de fácil leitura, com o principal objetivo de atingir todos os colaboradores.

- **Sempre priorizar o conceito de poucos dados, mas muita informação:**

  - A quantidade de informação não significa que o conteúdo analisado possua qualidade e confiabilidade para ser consultado regularmente.

  - Selecionar os resultados mais relevantes, que possam traduzir e representar através de poucas informações aquilo que se deseja transmitir aos colaboradores envolvidos.

- **Concentrar as informações principais em uma mesma parte do quadro:**

  - Em função de as informações não apresentarem o mesmo grau de importância, é correto realizar uma seleção e concentração do que é prioritário em um mesmo local do quadro.

  - Esta prática irá fazer com que os colaboradores se acostumem com o quadro, facilitando a consulta diária.

- **Manter uma sequência lógica de consulta:**

  - Por haver grande quantidade de informações a serem divulgadas no quadro de gestão à vista, é importante garantir uma sequência lógica para a consulta dos colaboradores.

  - Esta prática irá facilitar a consulta e evitar que ocorra qualquer tipo de tomada de ação errada, não alinhada com os objetivos daquilo que está sendo divulgado.

O quadro de gestão à vista deve apresentar as seguintes informações:

a. As principais ações de melhoria em andamento, apresentando o problema encontrado, a solução definida, o responsável pela ação e o prazo de conclusão previsto.

Quadro das Ações de Melhoria em Andamento

Item	Problema	Solução	Responsável	Início	Fim
1					
2					
3					
4					
5					
6					
7					
8					
9					
10					

Figura 5: Ações de Melhorias em Andamento.

b. As informações gráficas e tabelas das paradas técnicas não planejadas, que apresentam todas as atividades nas quais os serviços não foram programados.

Quadro das Ações Corretivas não Planejadas			
Ativo Físico		**Mês**	
Item	**O Quê?**	**Quem?**	**Quando?**
1			
2			
3			
4			
5			
6			
7			
8			
9			
10			

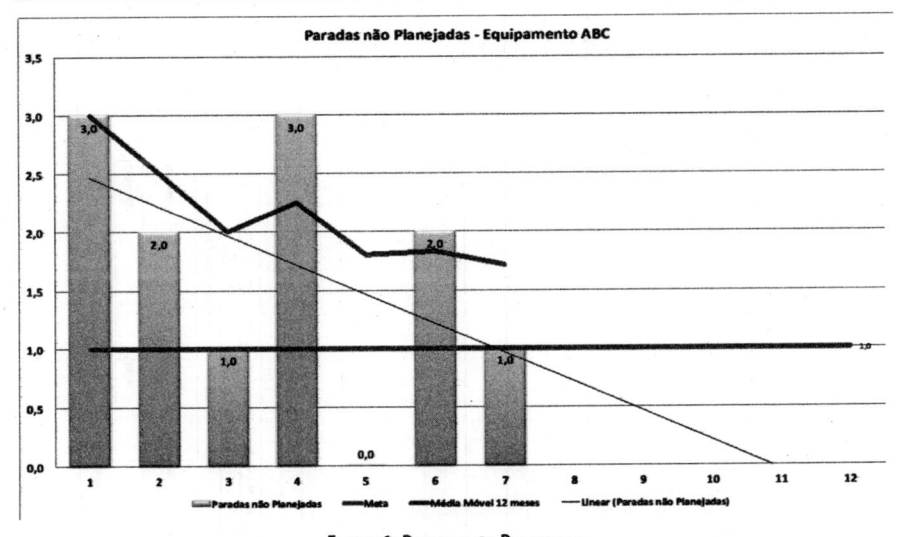

FIGURA 6: PARADAS NÃO PLANEJADAS.

c. A programação de manutenção planejada com base semanal, na divulgação dos serviços a serem realizados nas próximas semanas, já alinhados e de acordo com o planejamento operacional.

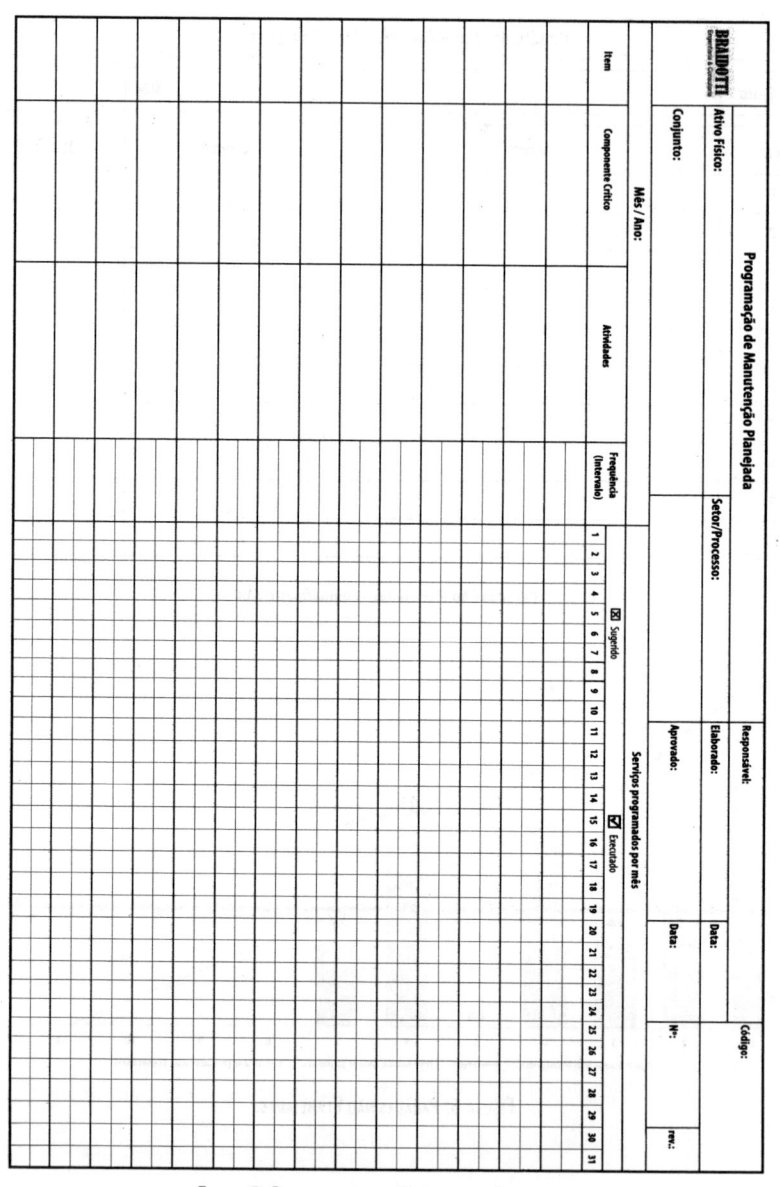

FIGURA 7: PROGRAMAÇÃO DE MANUTENÇÃO PLANEJADA.

d. Os indicadores de desempenho escolhidos para serem calculados e divulgados periodicamente, conforme modelo do "Dashboard" apresentado a seguir.

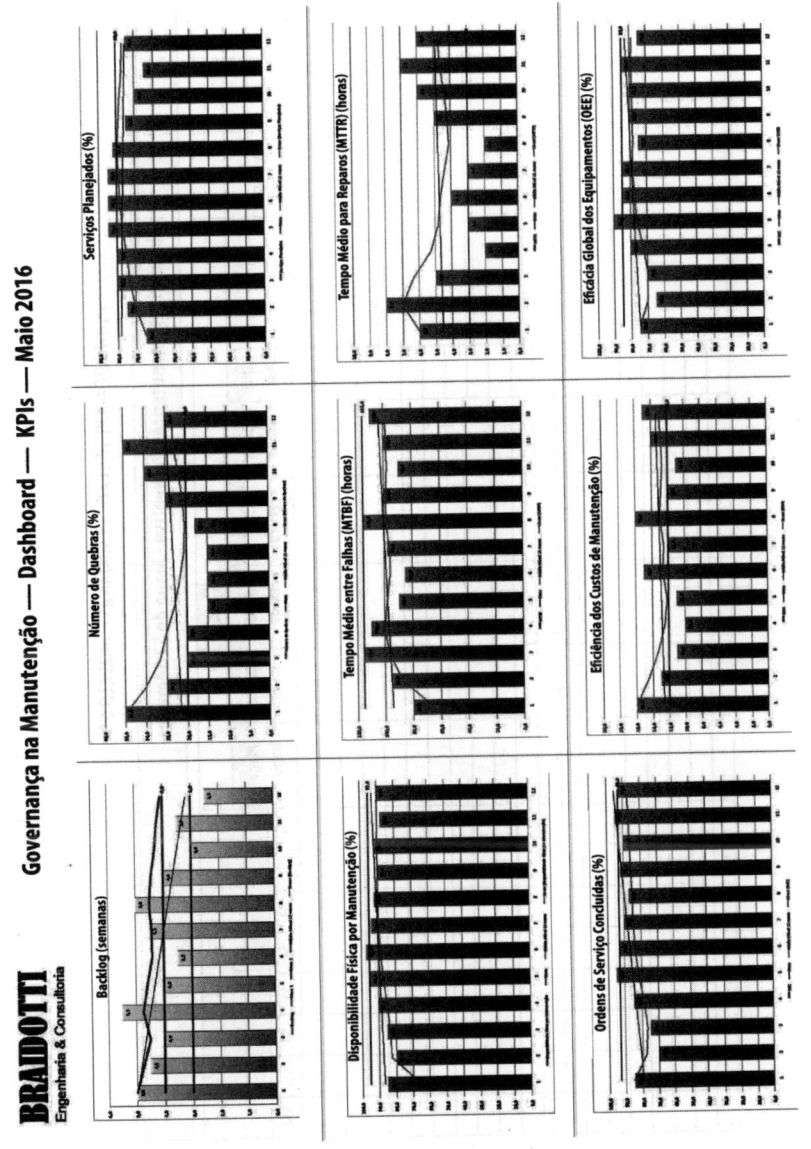

FIGURA 8: MODELO DE "DASHBOARD" DOS INDICADORES DE DESEMPENHO DE MANUTENÇÃO.

e. O calendário da manutenção preventiva sistemática anual.

PLANO DE MANUTENÇÃO - 52 SEMANAS – MODELO 01

Calendário de Manutenção Preventiva - Mapa de 52 Semanas

Setor:	Local de Instalação	Equipamento	TAG:		Criticidade	Especialidade	HH Previsto	Periodicidade	Equipto Parado?	Plano Manut	Ano:							...	S52
											S1	S2	S3	S4	S5	S6		.....	S52

FIGURA 9: CALENDÁRIO DE MANUTENÇÃO PREVENTIVA SISTEMÁTICA ANUAL (52 SEMANAS).

Plano de Comunicação

O **Plano de Comunicação** é a arte e ciência de alcançar um público-alvo usando canais de comunicação de marketing como publicidade, relações públicas, experiências ou correio direto, por exemplo. Ele se preocupa com a decisão de quem é o alvo, quando e como a mensagem deverá ser enviada.

O **Plano de Comunicação** serve como um guia para a comunicação e para os esforços de divulgação dos serviços realizados, e dos resultados atingidos. É um documento ativo e deve ser atualizado periodicamente à medida que o público e os processos se alteram. Ele explica como transmitir a mensagem correta, do transmissor ao público-alvo, através do canal e do tempo corretos.

O **Plano de Comunicação** endereça os 6 elementos básicos das comunicações: transmissor, mensagem, comunicação, canal de comunicação, mecanismo de feedback, receptor/público e quadro de tempo.

DESENHO 16 – PLANO DE COMUNICAÇÃO.

Um Plano de Comunicação deve incluir a seguinte estrutura:

- "Quem" - os públicos-alvo, os colaboradores que interagem direta ou indiretamente com a manutenção.

- "O quê" - as mensagens-chave que serão divulgadas entre os envolvidos.

- "Quando" – irá especificar o tempo apropriado de entrega para cada mensagem.

- "Por quê" - os resultados desejados alinhados com as metas dos processos de manutenção.

- "Como" - o veículo de comunicação (como a mensagem será entregue).

- "Por quem" - o remetente (determina quem entregará a informação).

Para elaborar um **Plano de Comunicação,** é importante incluir os seguintes itens:

- Objetivo: o que se pretende atingir com tal comunicação que representa o resultado de um processo de trabalho.

- Mensagem: o que e como se pretende divulgar a informação gerada através dos processos medidos.

- Público: quem se pretende atingir com a mensagem (colaboradores, clientes, fornecedores, imprensa etc.).

- Estratégia: quais serão as ferramentas de comunicação eficazes para transmitir a mensagem e qual deverá ser o momento para isto.

- Avaliação: de que forma a mensagem foi recebida pelo público, se o alvo atingido foi o definido.

Além destes itens, é importante criar e incluir um cronograma das ações estabelecidas para, desta forma, conseguir cumprir os prazos.

Eis alguns meios de comunicação formal e informal mais utilizados pela manutenção:

Comunicação Formal

- Memorando

- Carta

- Diálogo diário de segurança (DDS)

- Reunião

- Videoconferência

Comunicação Informal

- E-mail

- Conversas individuais

- Linguagem corporal

- Bilhetes

- Conversa de corredor

Estão sendo apresentados a seguir alguns ruídos relacionados com o processo de comunicação:

- Linguagem e cultura.

- Nível de conhecimento dos colaboradores.

- Situações com muita emoção.

- Distância física ou dispersão da equipe.

- Reputação do emissor.

Concluindo, o **Plano de Comunicação** deve:

- Ser direto e utilizar uma linguagem simples.

- Utilizar figuras e ilustrações (aumenta a compreensão em 10%).

- Qualificar e dosar a quantidade de informação fornecida com maior desempenho, maior lembrança e maior utilização do conteúdo.

Gestão da Base de Dados do Sistema Informatizado de Gestão

A **Gestão da Base de Dados do Sistema Informatizado de Gestão** é a forma de obter o controle sobre a demanda e o fluxo de serviços de manutenção, através do entendimento da quantidade de Notificações criadas no sistema de gestão pelos solicitantes de serviços, no atendimento às diversas áreas operacionais e administrativas da empresa.

Pelo fato de as Notificações terem uma característica transitória, pois são a base técnica de informação para a decisão da abertura ou não de uma Ordem de Serviço (OS), devem possuir um ciclo de vida bem curto, não ultrapassando o total de 7 (sete) dias entre sua criação e seu cancelamento, ou a abertura definitiva da OS.

Desta maneira, não é viável conviver com uma quantidade muito grande de Notificações no sistema de gestão, e regularmente deve ser realizado um saneamento na quantidade de solicitações de serviços, no sentido de garantir que os serviços estejam sendo atendidos conforme as necessidades identificadas, diariamente, pelos solicitantes.

Desenho 17 – Gestão da Base de Dados.

Para a realização deste saneamento das Notificações, deve ser elaborado um procedimento padronizado, apresentando todas as ações que devem ser realizadas, passo a passo, para que a base de dados do sistema de gestão esteja sempre na melhor condição de prover o melhor controle sobre a demanda de serviços para a manutenção.

Outro ponto importante neste processo de gestão da base de dados é o entendimento da quantidade de Ordens de Serviços criadas no sistema de gestão pelos Planejadores de Manutenção, no atendimento às diversas áreas operacionais e administrativas da empresa.

Em função das Ordens de Serviços (OS) possuírem uma característica temporal muito diversificada, dependendo do tipo e abrangência de cada serviço a ser realizado, não possuem um ciclo de vida por um período de controle determinado, mas normalmente não deve ultrapassar 12 (doze) meses entre sua geração e o seu encerramento no sistema de gestão.

Desta maneira, não é viável conviver com uma quantidade muito grande de Ordens de Serviços no sistema de gestão, e regularmente deve ser realizado um saneamento na quantidade de OS's, no sentido de garantir que os serviços sejam atendidos conforme as necessidades identificadas, diariamente, pelos solicitantes.

Para a realização deste saneamento das Ordens de Serviços, deve ser elaborado um procedimento padronizado, apresentando todas as ações que devem ser realizadas, passo a passo, para que a base de dados do sistema de gestão esteja sempre na melhor condição de prover o melhor controle sobre a demanda de serviços para a manutenção.

Como todo procedimento padronizado elaborado na empresa, estes 2 (dois) importantes documentos devem ser revisados pela área técnica e aprovados pela gerência antes de serem, automaticamente, implantados.

QUESTÕES RELACIONADAS A ESTE CAPÍTULO

1. O que significa o termo "Governança na Manutenção"?

2. Por que uma pauta bem definida é importante para a condução de uma reunião como resultado de uma boa governança?

3. Definir a importância do quadro de gestão à vista para a divulgação dos resultados periódicos da manutenção.

4. Qual o motivo da existência da agenda das reuniões?

5. Citar um tipo de reunião de manutenção e explicar sua pauta.

6. Qual é o propósito do relatório gerencial de manutenção?

7. Explicar o objetivo do relatório operacional de manutenção.

8. Explicar a importância do Supervisor de Manutenção na condução dos serviços diários das oficinas técnicas.

CAPÍTULO 6

A FINALIDADE DA UTILIZAÇÃO E DO CÁLCULO

"Calcular um indicador de desempenho é garantir a condição de comparação das diversas atividades realizadas em campo, pelas especialidades distintas."

A principal função dos indicadores de desempenho é indicar oportunidades de melhoria contínua dentro das organizações.

Medidas de desempenho devem ser utilizadas para indicar os pontos fracos do processo e analisá-los para identificar os passos necessários para a obtenção de resultados melhores. Os indicadores podem, então, apontar o caminho para a melhoria contínua nos processos.

Na busca de um melhor planejamento, programação, controle, execução e análise, os indicadores fornecem os subsídios para os gestores direcionarem as mudanças necessárias para maximizar a eficiência e melhorar os resultados.

DESENHO 18 – FINALIDADE DO CÁLCULO.

Para melhorar o padrão do processo, pode-se capacitar a mão de obra, adquirir um sistema informatizado de gestão, introduzir novas tecnologias, porém os resultados nunca alcançarão os índices almejados se a escolha dos indicadores não for bem feita e se o processo não for bem controlado.

Na escolha dos indicadores deve-se ter em mente que eles devem apoiar a capacidade de orientar, propor, ordenar, diagnosticar, corrigir e melhorar seu processo na tentativa de alcançar os objetivos estabelecidos.

Ou seja, os indicadores de desempenho devem ter certas qualidades que, juntas, proporcionam uma segurança ao gestor do processo na utilização da informação na elaboração de um plano de ação, agrupadas na sigla "**FICAR**":

- **Fidedigno**: refere-se a ser real, ser um revelador do que realmente acontece nos processos que estão sendo avaliados.

- **Incentivador**: um indicador deve motivar as pessoas envolvidas e relacionadas com seu resultado a tomar ações de melhorias contínuas, corrigindo os desvios e apresentando planos de ação para atingir novas metas.

- **Consistente**: cada indicador deve apresentar uma consistência em relação aos valores dos outros indicadores e deve proporcionar segurança ao gestor na tomada de decisão baseada em seus valores.

- **Autêntico**: o levantamento dos dados para o cálculo de um KPI deve conter dados legítimos, verdadeiros e realistas.

- **Rastreável**: a informação que um indicador traz deve possibilitar uma investigação da origem dos parâmetros que compõem as variáveis para o cálculo deste mesmo indicador.

O indicador de desempenho também deve ser:

- **Específico**: a medição deve ser clara e única daquilo que está sendo medido naquele momento.

- **Mensurável**: deve ser possível a realização quantitativa na representação do resultado do cálculo matemático do indicador.

- **Alcançável**: deve estar de acordo com os executores do processo em que se está medindo os resultados quantitativos.

- **Relevante**: o indicador deve ser importante para o acompanhamento do processo e deve estar alinhado com o planejamento estratégico da empresa.

- **Periódico**: deve ser possível a medição do indicador de desempenho de tempo em tempo.

- **Comparável**: deve ser possível a comparação dentro da manutenção, na empresa, no setor da indústria, e também com empresas de classe mundial consideradas referências no mercado.

- **Comunicável**: deve ser de fácil entendimento por todos na empresa.

QUESTÕES RELACIONADAS A ESTE CAPÍTULO

1. Qual é a principal finalidade da governança da manutenção apoiada pelo cálculo de indicadores de desempenho?

2. Cite 3 qualidades aplicadas aos indicadores de desempenho.

3. Por que um indicador de desempenho deve ser "comparável"?

4. Por que um indicador de desempenho deve ser "periódico"?

5. Por que um indicador de desempenho deve ser "comunicável"?

CAPÍTULO 7

OS CRITÉRIOS PARA A DEFINIÇÃO DOS INDICADORES

"Definir um indicador é tão importante quanto calcular, pois a correta definição leva a melhor governança das práticas de manutenção."

Para definição dos indicadores, devem ser respondidas as seguintes questões:

O QUE MEDIR?

- O indicador deve estar vinculado ao objeto da medida.

POR QUE MEDIR?

- O indicador tem um propósito/objetivo?

COMO MEDIR?

- O indicador deve ser coletado por qual meio ou instrumento de medição? Qual deve ser sua precisão e quais os níveis de aceitabilidade? Quais devem ser as metas a serem atingidas e a sua forma de apresentação?

DESENHO 19 – CRITÉRIOS DE DEFINIÇÃO.

ONDE MEDIR?

- O indicador deve ser "posicionado" dentro de que elementos da organização?

QUANDO MEDIR?

- O indicador deve ser coletado com que frequência?

QUEM DEVE MEDIR?

- O indicador deve ser compilado e analisado por quem?

Dependendo do objetivo do indicador, poderemos ter maior necessidade de detalhamento ou de identificar índices de comparações com o mercado influenciando no custo e nos resultados do indicador calculado.

- Os processos são medidos para:

- Cumprir os objetivos e as metas propostas.

- Proteger os recursos da organização.

- Prevenir erros e as suas reincidências.

- Monitorar os processos de gerenciamento e planejamento.

- Identificar as causas dos desvios.

- Verificar o cumprimento das políticas e dos procedimentos.

QUESTÕES RELACIONADAS A ESTE CAPÍTULO

1. Apresentar e definir 2 indicadores de desempenho estratégicos da governança da manutenção.

2. Apresentar e definir 2 indicadores de desempenho táticos da governança da manutenção.

3. Apresentar e definir 2 indicadores de desempenho operacionais da governança da manutenção.

4. Por que os processos de trabalho são medidos?

Capítulo 8

POR QUE TRATAMOS TÃO MAL OS INDICADORES?

"O tratamento que é dado a um indicador de desempenho demonstra claramente a maneira como as práticas de manutenção são gerenciadas e pode facilitar ou prejudicar a governança na manutenção."

Pelo entendimento principal de um indicador de desempenho calculado, entende-se que existe uma condição natural representando uma situação daquilo que está sendo medido, representando um resultado direto com a possibilidade de enxergarmos uma tendência.

Para todos estes aspectos relacionados ao indicador calculado, entende-se que o mesmo deve motivar a geração de uma ação imediata, seja na correção do resultado na busca pelo alinhamento do valor apresentado com a meta estabelecida, seja uma ação de manutenção do resultado. Entendemos que, pelo fato de estarmos caracterizando uma medição daquilo que já passou, temos que garantir uma condição melhor no futuro.

Não podemos deixar de mencionar a grande contribuição que um indicador proporciona no entendimento das condições atuais de cada processo medido, cada parâmetro apresentado analisado através do resultado mensurável; em contrapartida, temos visto uma grande quantidade de indicadores sendo calculados sem nenhum tipo de acompanhamento de tendência, indicadores sendo calculados com base de informações coletadas e provenientes de fontes não confiáveis, conceitos errados utilizados para o cálculo dos indicadores, muitos indicadores sendo apresentados nas áreas sem que haja nenhum tipo de alinhamento ou entendimento por parte das pessoas do significado correto de cada medidor divulgado, seja através de uma tabela ou de um gráfico, e poucas pessoas sabendo o que fazer com os resultados apresentados.

Em virtude deste contexto, muitas vezes sendo parte da realidade das empresas no dia a dia, é que entendemos a importância de classificarmos os indicadores, os motivos por que estão sendo medidos. Por isso, direcionarmos corretamente os resultados para as áreas de processo e para as pessoas que possam compreender e tomar ações de melhoria imediatas e atribuir aos relatórios gerenciais apenas os indicadores que representam os aspectos ligados à condução do negócio.

Temos visto também que a maioria dos relatórios mensais recheados de números apresenta como conteúdo técnico de trabalho muito pouco em se tratando de tendências ou de ações e compromissos a serem assumidos na melhoria dos processos em que estão sendo medidos.

DESENHO 20 – POR QUE TRATAMOS TÃO MAL OS INDICADORES?

Antes de realizarmos uma análise crítica dos indicadores que estão sendo calculados, temos que realizar uma análise crítica de como tratamos estes indicadores, como definimos, como calculamos, como divulgamos seus resultados, e de que maneira nossas ações estão sendo orientadas através dos resultados medidos, pois, caso algum indicador não tenha nenhuma aderência com as ações de melhoria e com nossos processos de trabalho, simplesmente não deve ser calculado, já que seu resultado não representa nada além de números divulgados por meio de relatórios nos quais nenhuma ação será gerada como benefício direto do cálculo deste indicador.

QUESTÕES RELACIONADAS A ESTE CAPÍTULO

1. O que deve ser garantido para que o cálculo do indicador de desempenho de manutenção possa representar corretamente o processo que está sendo medido?

2. Qual é o risco de se tomar uma ação através do resultado de um indicador que não apresenta uma assertividade no cálculo final?

3. Qual deve ser o comportamento da equipe de Planejamento da Manutenção quando receber uma solicitação de serviço com pouca qualidade da informação?

4. Qual o risco de realizar uma atividade de manutenção quando a origem da solicitação de serviço apresenta pouca qualidade da informação relacionada à necessidade do serviço?

5. Por que a equipe de inspetores de campo não deve estar na estrutura das oficinas de manutenção?

CAPÍTULO 9

OS INDICADORES-CHAVE DE DESEMPENHO (KPI)

*"A razão pela qual realizamos nossas atividades
diárias possui uma resposta direta nos resultados
apresentados pelos diversos indicadores de desempenho
calculados, que representam o desempenho de cada processo
de trabalho medido."*

*"O indicador de desempenho calculado reflete
apenas o passado."*

Como base para a implantação da governança da manutenção, é necessário o desenvolvimento de uma base de controle que deve ser representada através dos indicadores de desempenho, na formação de um quadro de gestão à vista, também conhecido como *"Dashboard"*.

DESENHO 21 – INDICADORES DE DESEMPENHO.

Está apresentado no capítulo 5, referenciando o quadro de gestão à vista com a apresentação de alguns indicadores de desempenho e suas metas definidas de comum acordo com os envolvidos em cada atividade, e com as metas da organização, pois as metas apresentadas para cada indicador devem representar o desdobramento das metas corporativas e estar diretamente associadas aos padrões definidos.

Os indicadores de desempenho podem ser classificados em diversas categorias. Estas categorias podem definir a qual área interessa cada indicador.

Uma possível classificação seria entre indicadores estratégicos, táticos e operacionais.

Nesta classificação, os indicadores operacionais referem-se aos operadores e encarregados, influindo na execução dos serviços. Os indicadores táticos são todos os que auxiliam a equipe de controle a gerir o processo, enquanto os indicadores estratégicos são os que evidenciam o resultado global obtido a nível gerencial.

No processo de escolha de indicadores de desempenho, deve-se definir a qual categoria cada indicador pertence. Limitando os indicadores estratégicos aos que interessam à gerência da organização na avaliação dos resultados.

Os indicadores operacionais serão aqueles que influenciarão a execução das atividades do processo.

Deve-se tomar a precaução de ter a quantidade certa de indicadores necessária para avaliar o caso, sem excesso, que faça existir indicadores que não sejam analisados, consumindo tempo para seu cálculo e não colaborando para a melhoria do processo.

Para obter o controle das atividades, é necessária a definição de indicadores-chave de desempenho (KPI), os quais possam representar a realidade dos resultados projetados pela empresa, com acompanhamento periódico dedicado, conforme a relação apresentada:

INDICADORES ESTRATÉGICOS

Este tipo de indicador tem como principal objetivo informar à Alta Direção da empresa (gerentes, coordenadores etc.) sobre o andamento das ações dos diversos setores da manutenção, para que as devidas ações de melhorias ou de correções necessárias sejam tomadas.

a.1. **Backlog (BCK) (KPI 1)**

a.2. **Disponibilidade Física por Manutenção(DFM) (KPI 6)**

a.3. **Produtividade Pessoal (PPE) (KPI 12)**

a.4. **Confiabilidade Física por Manutenção (CFM) (KPI 13)**

a.5. **Eficiência dos Custos de Manutenção (ECM) (KPI 19)**

a.6. **Custo Total de Manutenção (CTM) (KPI 20)**

a.7. **Eficácia da Utilização dos Ativos Físicos (UEE) (KPI 21)**

a.8. **Eficácia Global dos Ativos Físicos (OEE) (KPI 22)**

INDICADORES TÁTICOS

Este tipo de indicador tem como principal objetivo informar o nível tático (planejamento e coordenação) da manutenção, do andamento das ações dos diversos setores da manutenção, para que as devidas ações de melhorias ou de correções necessárias sejam tomadas.

    b.1. **Número de Quebras (NQB) (KPI 2)**

    b.2. **Serviços Planejados (SPL) (KPI 3)**

    b.3. **Eficiência de Planejamento de Rotina (EPR) (KPI 4)**

    b.4. **Eficiência de Planejamento de Parada (EPP) (KPI 5)**

    b.5. **Tempo Médio entre Falhas (MTBF) (KPI 10)**

    b.6. **Execução de Manutenção Preventiva (EMP) (KPI 11)**

    b.7. **Carga de Serviço Programado (CSP) (KPI 14)**

    b.8. **Serviço Reprogramado (SRP) (KPI 15)**

    b.9. **Eficácia do Almoxarifado (EAL) (KPI 7)**

    b.10. **Eficácia das Requisições de Compras (ERC) (KPI 8)**

    b.11. **Giro de Estoque (GIR) (KPI 9)**

INDICADORES OPERACIONAIS

Este tipo de indicador tem como principal objetivo informar o nível operacional (colaboradores) da manutenção, do resultado das suas ações nos diversos tipos de trabalho realizados, para que as devidas ações de melhorias ou de correções necessárias sejam tomadas pelos próprios colaboradores.

c.1. Ordem de Serviço Concluída (OSC) (KPI 16)

c.2. Horas Utilizadas (HUT) (KPI 17)

c.3. Tempo Médio para Reparos (MTTR) (KPI 18)

Apresentação dos Indicadores de Desempenho através do Fluxograma dos Processos de Manutenção

O fluxograma dos processos de manutenção apresentado anteriormente define uma sequência básica do fluxo da informação compartilhada entre a manutenção e os diversos departamentos que compõem a empresa, determinando os *Indicadores de Desempenho (KPI)* para cada etapa, desde a:

1. Origem da identificação da necessidade de um serviço de manutenção (**SSM – Solicitação de Serviço de Manutenção**), que pode ser gerado pela área operacional, pelos inspetores técnicos de manutenção, pelas áreas de segurança do trabalho, meio ambiente ou qualidade.

É importante que, para qualquer tipo de solicitação de serviço de manutenção, seja garantida a qualidade da informação, pois o entendimento da necessidade de serviço é fundamental para que os recursos possam ser melhor aplicados, gerando o melhor resultado para a empresa.

SSM: Solicitação de Serviço de Manutenção

Figura 10: Fluxo da Solicitação de Serviço de Manutenção.

2. Seguindo pelo momento da **Classificação** de cada serviço solicitado, com a análise da viabilidade técnica e econômica da solicitação (realizada pela *Função Gatekeeper*, detalhada abaixo), e neste momento a atividade a ser realizada, quando aprovada, já é priorizada quanto a sua importância mediante o processo ao qual pertence.

A *Função Gatekeeper (GKP)* possui como responsabilidade direta a gestão e controle dos seguintes indicadores:

- **KPI 1 - Backlog (BCK) (KPI Estratégico)**

- **KPI 2 - Número de Quebras (NQB) (KPI Tático)**

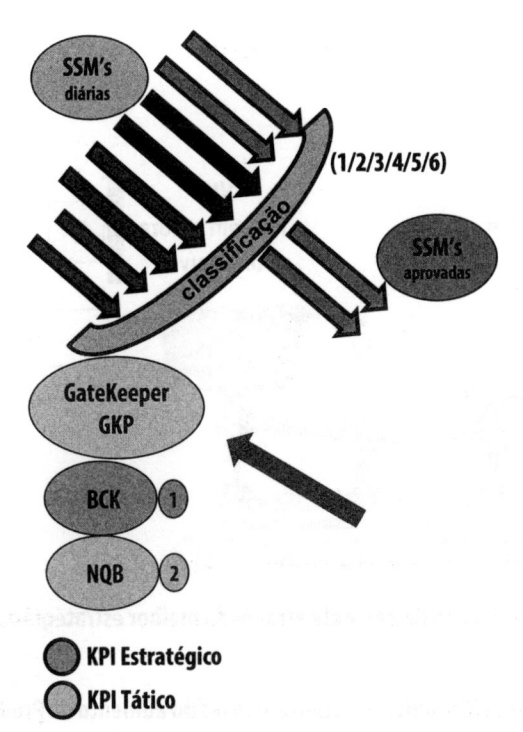

Figura 11: Posicionamento da Função "Gatekeeper (GKP)" e os Respectivos Indicadores de Desempenho.

KPI 1 - Backlog (BCK)

"Conhecer a capacidade da equipe no atendimento aos serviços é tão importante quanto conhecer a demanda dos serviços necessários."

O indicador de **Backlog** mede a capacidade de realização de serviço pela equipe de manutenção, por especialidade, considerando a quantidade de serviço aprovado, ou seja, planejado, programado, em execução ou pendente, quando comparado com a quantidade de homem-hora disponível da equipe analisada.

O BACKLOG

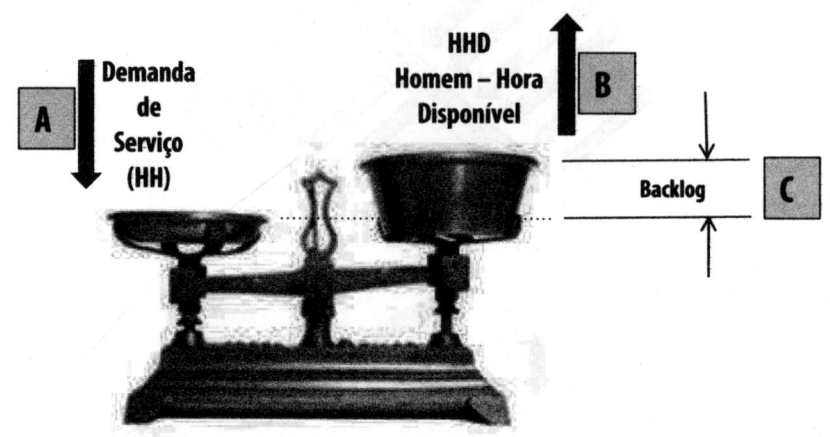

A Demanda de Serviço decrescente através da melhor estratégia da manutenção

B Homem – Hora Disponível crescente através do aumento da Produtividade Pessoal

C Backlog Classe Mundial entre 3 a 4 Semanas

FIGURA 12: INDICADOR DE BACKLOG.

A maior dificuldade de cálculo deste indicador é a determinação do homem-hora disponível, pois para obter este fator é necessário medir todos os tempos improdutivos (necessários e desnecessários) diários das equipes de manutenção.

Por que este indicador de "Backlog (BCK)" está posicionado na "*Função Gatekeeper*"?

O motivo que justifica o posicionamento deste indicador nesta função é o fato de que o *Gatekeeper* possui o poder de classificar, viabilizar e priorizar o serviço e com o controle do indicador de "*backlog*" fica mais assertivo o cumprimento desta função, já que de nada adianta viabilizar e priorizar todos os serviços, enviando diretamente para a "*Função Planejamento*", sem que se tenha o real domínio sobre a capacidade das equipes de manutenção (homem-hora disponível) no atendimento à demanda criada.

Desta maneira, quanto mais confiável e melhor controlado estiver o indicador de "*backlog*", mais assertiva será a atividade do "*Gatekeeper*" no tratamento das solicitações diárias de serviços de manutenção.

O resultado deste indicador é apresentado em "***Tempo***" (semanas).

A meta para este indicador é de BCK = 4 semanas.

O "***Anexo 01***" apresenta a planilha completa de informações sobre o indicador de **Backlog (BCK)**.

KPI 2 - Número de Quebras (NQB)

"Conhecer o quão reativo está o ambiente de trabalho é importante para melhor orientação das necessidades de melhoria."

O indicador do **Número de Quebras** representa a relação direta entre a quantidade total de serviços **não** planejados (corretivos emergenciais) realizados pelas equipes de manutenção e a quantidade total de serviços realizados pela mesma equipe.

DESENHO 22 – INDICADOR DO NÚMERO DE QUEBRAS.

O indicador do Número de Quebras apresenta o quanto o setor produtivo analisado está "*Reativo*".

Este indicador possui uma relação direta com o indicador "*Serviço Planejado (SPL)*", que será apresentado na sequência, pelo fato de que a soma destes 2 indicadores deverá ser sempre **100%**, ou seja, é possível aferir o cálculo destes indicadores comparando seus resultados.

Por que este indicador do *"Número de Quebras* (NQB)" está posicionado na *"Função Gatekeeper"*?

O motivo que justifica o posicionamento deste indicador nesta função é o fato de que o *Gatekeeper* possui o poder de classificar, viabilizar e priorizar o serviço e com o controle do indicador do "*número de quebras*" fica mais assertivo o cumprimento desta função, já que de nada adianta viabilizar e priorizar todos os serviços, enviando diretamente para a "*Função Planejamento*", sem que se tenha o real domínio sobre o quanto os setores produtivos estão "*reativos*", podendo reduzir, substancialmente, a capacidade das equipes de manutenção (homem-hora disponível) no atendimento à demanda criada.

Desta maneira, quanto mais confiável e melhor controlado estiver o indicador de "*número de quebras*", mais assertiva será a atividade do "*Gatekeeper*" no tratamento das solicitações diárias de serviços de manutenção.

O resultado deste indicador é apresentado em "*Porcentagem (%)*".

A meta para este indicador é de NQB< 20%.

O *"Anexo 02"* apresenta a planilha completa de informações sobre o indicador de **Número de Quebras (NQB)**.

3. Seguindo pelo cumprimento da *Função Planejamento de Manutenção (PLA)*, na determinação do *"O Quê?"* será realizado e *"Como?"* cada tarefa deverá ser realizada, contribuindo também com o provisionamento de todos os recursos necessários para o cumprimento das atividades planejadas.

A *Função Planejamento de Manutenção (PLA)* possui como responsabilidade direta a gestão e o controle dos seguintes indicadores:

- KPI 3 - Serviços Planejados (SPL) (KPI Tático).

- KPI 4 - Eficiência de Planejamento de Rotina (EPR) (KPI Tático).

- KPI 5 - Eficiência de Planejamento de Parada (EPP) (KPI Tático).

- KPI 6 - Disponibilidade Física por Manutenção (DFM) (KPI Estratégico).

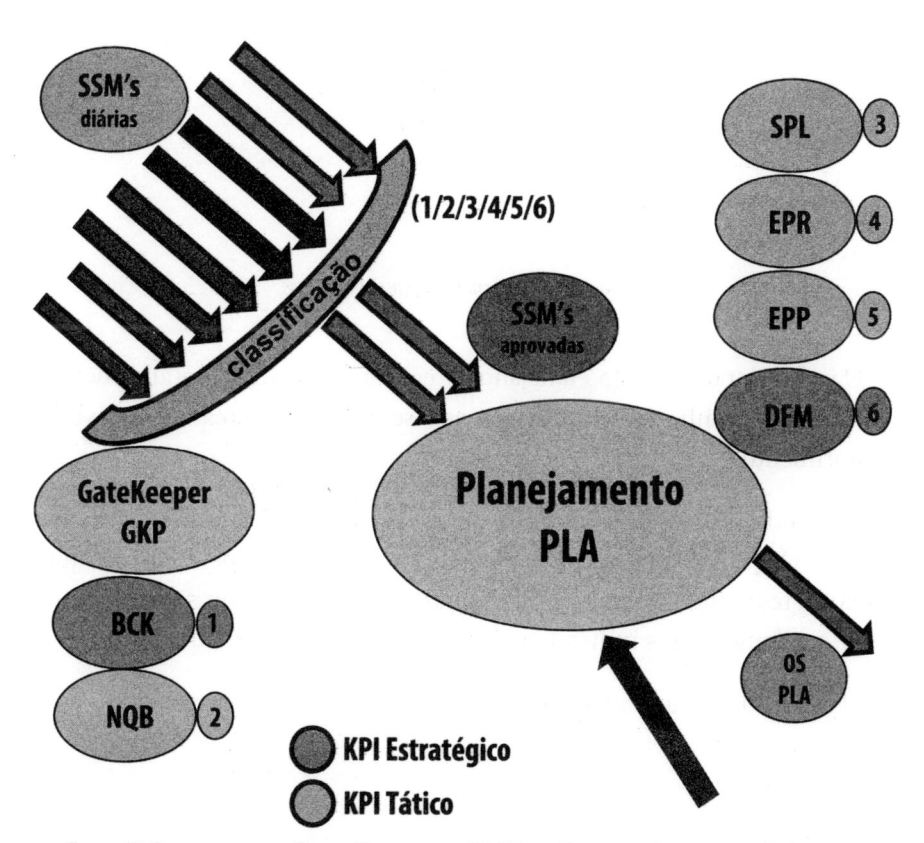

FIGURA 13: POSICIONAMENTO DA FUNÇÃO "PLANEJAMENTO (PLA)" E OS RESPECTIVOS INDICADORES DE DESEMPENHO.

KPI 3 - Serviços Planejados (SPL)

"Conhecer o quão proativo está o ambiente de trabalho reforça a prática da melhor estratégica da manutenção."

O indicador dos **Serviços Planejados (SPL)** representa a relação direta entre a quantidade total de serviços planejados realizados pelas equipes de manutenção e a quantidade total de serviços realizados pela mesma equipe.

DESENHO 23 – INDICADOR DOS SERVIÇOS PLANEJADOS.

O indicador de Serviço Planejado apresenta o quanto, do total de demanda de serviço conhecido e aprovado, está sendo possível realizar através do cumprimento da Função Planejamento.

Este indicador possui uma relação direta com o indicador *"Número de Quebras (NQB)"*, o qual será apresentado na sequência, pelo fato de que a soma destes 2 indicadores deverá somar sempre **100%**, ou seja, é possível aferir o cálculo destes indicadores comparando seus resultados.

O resultado deste indicador é apresentado em *"Porcentagem (%)"*.

A meta para este indicador é de SPL> 80%.

O *"Anexo 03"* apresenta a planilha completa de informações sobre o indicador dos **Serviços Planejados (SPL)**.

KPI 4 - Eficiência de Planejamento de Rotina (EPR).

> *"Assertividade do provisionamento dos recursos depende diretamente do nível de conhecimento dos responsáveis pelo planejamento."*

O indicador da **Eficiência de Planejamento de Rotina (EPR)** representa a relação direta entre o total de tempo (homem-hora) apontado nos serviços planejados realizados e o total de tempo (homem-hora) planejado para os mesmos serviços.

O indicador de Eficiência de Planejamento de Rotina apresenta o quanto está sendo possível realizar das melhores práticas do cumprimento da Função Planejamento.

O resultado deste indicador é apresentado em *"Porcentagem (%)"*.

A meta para este indicador é de EPR entre 85 - 115%.

O *"Anexo 04"* apresenta a planilha completa de informações sobre o indicador de **Eficiência de Planejamento de Rotina (EPR)**.

KPI 5 - Eficiência de Planejamento de Parada (EPP)

> *"A eliminação dos desperdícios dos recursos limitados de manutenção depende diretamente da qualidade do planejamento da parada."*

O indicador da **Eficiência de Planejamento de Parada (EPP)** representa a relação direta entre o total de tempo (homem-hora) apontado nos serviços realizados nas paradas e o total de tempo (homem-hora) planejado para os mesmos serviços nas paradas programadas de manutenção.

O indicador de Eficiência de Planejamento de Parada apresenta o quanto está sendo possível realizar das melhores práticas do cumprimento da Função Planejamento.

O resultado deste indicador é apresentado em *"Porcentagem (%)"*.

A meta para este indicador é de EPP entre 80 - 120%.

O *"Anexo 05"* apresenta a planilha completa de informações sobre o indicador de **Eficiência de Planejamento de Parada (EPP)**.

KPI 6 - Disponibilidade Física por Manutenção (DFM)

"Representa a contribuição direta da manutenção no resultado do processo produtivo."

O indicador da **Disponibilidade Física por Manutenção (DFM)** representa a relação direta entre o tempo total programado do equipamento para um período e o tempo total que o equipamento operou produzindo no mesmo período analisado.

O tempo total programado deve expurgar os tempos preventivos programados.

O tempo total que o equipamento operou produzindo deve expurgar todas as interferências externas às da manutenção, tais como falta de matéria-prima, perda de produção por questões de qualidade da matéria-prima, questões operacionais etc.

Concluindo, este indicador de disponibilidade física representa o tempo que a manutenção disponibiliza o equipamento para o setor produtivo.

O resultado deste indicador é apresentado em *"Porcentagem (%)"*.

A meta para este indicador é de DFM > 98%.

O *"Anexo 06"* apresenta a planilha completa de informações sobre o indicador de **Disponibilidade Física por Manutenção (DFM)**.

4. Seguindo pela atividade da garantia do provisionamento dos recursos materiais realizada pela *Função Analista de Materiais (FAM)*, no sentido de gerenciar todo o movimento das peças sobressalentes necessárias ao cumprimento das atividades das equipes de manutenção, este movimento possui 3 caminhos:

d.1. **O acompanhamento das compras diretas através das requisições internas de compras (RIC's), a fim de garantir que os prazos de suprimentos sejam cumpridos conforme programados.**

d.2. **O acompanhamento do abastecimento automático dos materiais que possuem o controle de estoque mínimo, máximo e de emergência pertencentes ao almoxarifado.**

d.3. **O acompanhamento do giro do estoque existente no almoxarifado, para que o impacto dos materiais no custo de manutenção dos ativos físicos seja o menor possível.**

A *Função Analista de Materiais (FAM)* possui como responsabilidade direta a gestão e controle dos seguintes indicadores:

- **KPI 7 – Eficácia do Almoxarifado (EAL) (KPI Tático).**

- **KPI 8 – Eficácia das Requisições de Compras (ERC) (KPI Tático).**

- **KPI 9 – Giro de Estoque (GIR) (Tático).**

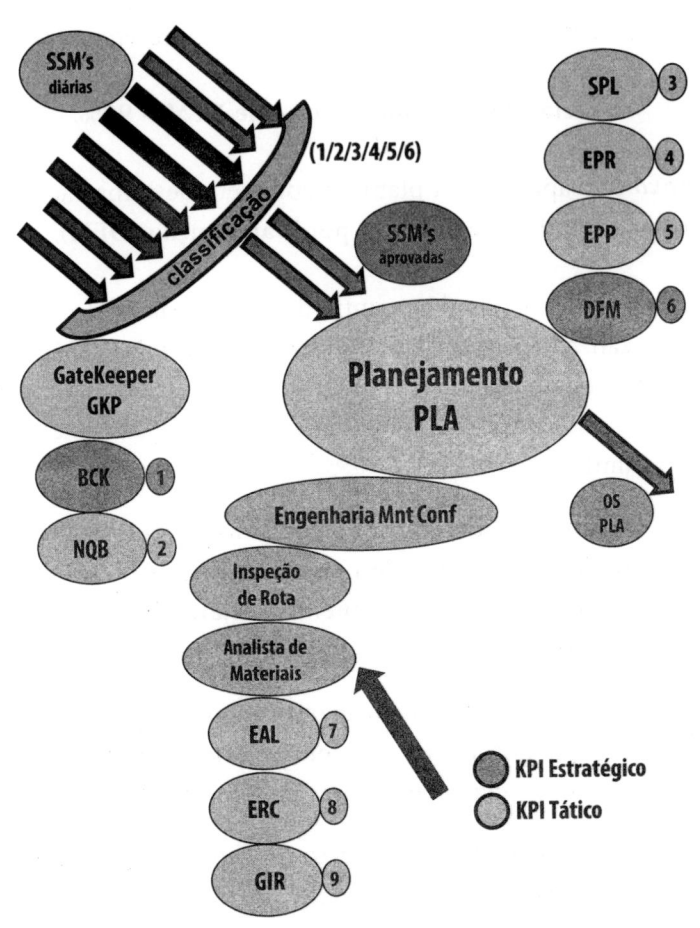

Figura 14: Posicionamento da Função "Analista de Materiais" e os Respectivos Indicadores de Desempenho.

KPI 7 - Eficácia do Almoxarifado (EAL)

"A importância do estoque organizado e assertivo no atendimento às necessidades da manutenção."

O indicador da **Eficácia do Almoxarifado (EAL)** representa a relação direta entre a quantidade total de material solicitado no período analisado e a quantidade de material entregue para o solicitante, no momento da necessidade.

O indicador da Eficácia do Almoxarifado apresenta o quanto este setor está contribuindo com a produtividade das equipes de manutenção, o cumprimento dos serviços programados e o impacto direto do almoxarifado na disponibilidade e confiabilidade dos equipamentos.

O resultado deste indicador é apresentado em *"Porcentagem (%)"*.

A meta para este indicador é de EAL > 90%.

O *"Anexo 07"* apresenta a planilha completa de informações sobre o indicador de **Eficácia do Almoxarifado (EAL)**.

KPI 8 - Eficácia das Requisições de Compras (ERC)

"A importância da área de suprimentos contribuindo com o cumprimento dos serviços programados."

O indicador da **Eficácia das Requisições de Compras (ERC)** representa a relação direta entre a quantidade total de requisições de compras solicitadas no período analisado e a quantidade total de requisições de compras atendidas no prazo, conforme informado pelo setor de suprimentos.

O indicador da Eficácia das Requisições de Compras apresenta o quanto o setor de suprimentos está contribuindo com a produtividade das equipes de manutenção, o cumprimento dos serviços programados e o impacto direto na disponibilidade e confiabilidade dos equipamentos.

O resultado deste indicador é apresentado em *"Porcentagem (%)"*.

A meta para este indicador é de ERC> 90%.

O *"Anexo 08"* apresenta a planilha completa de informações sobre o indicador de **Eficácia das Requisições de Compras (ERC)**.

KPI 9 - Giro de Estoque (GIR)

"A quantidade de materiais armazenados no almoxarifado deve estar alinhada e de acordo com as necessidades dos ativos físicos. Não é possível conviver com grandes volumes de materiais armazenados e compras emergenciais sendo realizadas regularmente."

O indicador do **Giro de Estoque (GIR)** representa a velocidade com a qual o estoque de manutenção do almoxarifado é renovado em um determinado período de tempo. Normalmente este tempo é determinado por um período anual (12 meses).

A principal finalidade de calcular este indicador é avaliar o nível da gestão do estoque que a empresa está praticando, pois, quando o *"Giro de Estoque"* está menor, o estoque está girando pouco, com consequente aumento dos custos operacionais, e com alto risco de deterioração e desatualização tecnológica (obsolescência) dos materiais mantidos no almoxarifado.

Muitas vezes, o problema acontece quando não há equilíbrio da quantidade de materiais armazenados com o fluxo da utilização: materiais acumulados e sem procura; ou grande demanda por materiais, mas escassez no estoque.

Ambas as situações podem acarretar em prejuízo, pois na primeira o dinheiro investido não é revertido em vendas e na segunda a equipe de manutenção fica insatisfeita com a indisponibilidade do produto desejado quando ocorrer a necessidade de aplicação em campo.

Se o resultado for maior do que 1, significa que todos os materiais foram renovados pelo menos uma vez (100%) no mesmo período avaliado.

Se o resultado for menor do que 1, significa que no mesmo período avaliado não foi possível renovar 100% dos materiais armazenados.

O processo de renovação dos materiais armazenados está diretamente relacionado com a quantidade de "ativo fixo" mantido e movimentado no fluxo de controle do almoxarifado, que demonstra a melhor estratégia de gestão e domínio sobre a utilização e criticidade dos materiais a serem utilizados nos ativos físicos dos processos produtivos.

O resultado deste indicador é apresentado como um número absoluto.

A meta para este indicador é o Giro de 3 vezes por ano.

O *"Anexo 09"* apresenta a planilha completa de informações sobre o indicador do **Giro de Estoque (GIR)**.

5. Seguimos pela atividade de *Engenharia de Manutenção e Confiabilidade (EMC),* **que** atua de maneira decisiva nos aspectos técnicos e organizacionais, e apoia o Planejamento de Manutenção nas questões da garantia da base técnica de dados atualizada no sistema informatizado de gestão, nos estudos dos desvios identificados durante a realização das tarefas de campo e na proposição de novas metodologias e ferramentas no sentido de facilitar e tornar mais seguras as práticas diárias das equipes de manutenção.

A *Engenharia de Manutenção e Confiabilidade (EMC)* possui como responsabilidade direta a gestão e controle dos seguintes indicadores:

- **KPI 10 – Tempo Médio entre Falhas (MTBF) (KPI Tático).**

- **KPI 11 – Execução de Manutenção Preventiva (EMP) (KPI Tático).**

- **KPI 12 – Produtividade Pessoal (PPE) (KPI Estratégico).**

- **KPI 13 – Confiabilidade Física por Manutenção (CFM) (KPI Estratégico).**

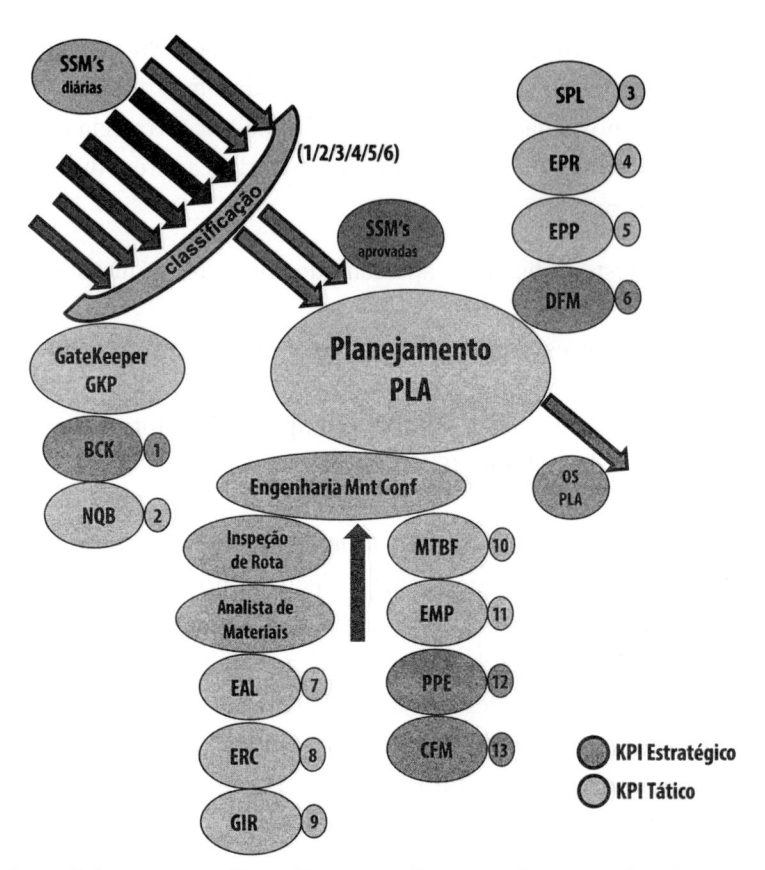

FIGURA 15: POSICIONAMENTO DA FUNÇÃO "ENGENHARIA DE MANUTENÇÃO E CONFIABILIDADE" E OS RESPECTIVOS INDICADORES DE DESEMPENHO.

KPI 10 - Tempo Médio entre Falhas (MTBF)

"Controla o fluxo de ocorrências de falhas funcionais, com o principal objetivo de que as falhas não sejam tratadas com uma opção."

O indicador do **Tempo Médio entre Falhas (MTBF)** representa a relação direta entre o tempo total de operação de um equipamento, dentro de um período programado e o número total de falhas funcionais ocorridas durante este período programado de operação.

É uma métrica que diz respeito à média de tempo decorrido entre uma falha e a próxima vez que ela ocorrerá.

Este indicador possui uma característica de quanto *"maior"* melhor, ou seja, significa que, quanto maior for o resultado apresentado, os ativos físicos estarão produzindo por mais tempo sem a ocorrência de falhas funcionais, contribuindo diretamente para o atendimento às metas dos processos produtivos.

O resultado deste indicador é apresentado em *"Tempo"* (dias, horas ou minutos).

A meta para este indicador de MTBF deve ser determinada para cada ativo físico crítico.

O *"Anexo 10"* apresenta a planilha completa de informações sobre o indicador do **Tempo Médio entre Falhas (MTBF)**.

KPI 11 – Execução de Manutenção Preventiva (EMP)

"Controla as atividades sistemáticas e inspeções de rota, na busca constante da melhor relação entre a confiabilidade e o custo de manutenção."

O indicador de **Execução de Manutenção Preventiva (EMP)** representa a relação direta entre o total de ordens de serviço de manutenção preventiva sistemática (MPS) realizadas no prazo e o total de ordens de serviço de MPS programadas.

O resultado deste indicador é apresentado em *"Porcentagem (%)"*.

A meta para este indicador é de EMP = 100%.

O *"Anexo 11"* apresenta a planilha completa de informações sobre o indicador do **Execução de Manutenção Preventiva (EMP)**.

KPI 12 – Produtividade Pessoal (PPE)

"Apresenta o quanto está sendo utilizado o esforço de trabalho dos colaboradores técnicos das oficinas de manutenção na melhor aplicação dos recursos pessoais nas frentes de trabalho."

O indicador da **Produtividade Pessoal (PPE)** representa a relação direta entre o tempo total dos colaboradores na empresa (conforme o contrato de trabalho) e o tempo útil em que os colaboradores realizam os serviços para os quais foram contratados.

Este indicador também é conhecido como *"Chave na Mão"*, retratando exatamente o tempo que o colaborador está envolvido com uma atividade de manutenção, diretamente nos equipamentos, seja para os serviços preventivos ou corretivos.

DESENHO 25 – INDICADOR PRODUTIVIDADE PESSOAL.

Este indicador é importante pelo fato de fornecer o fator do **Homem-Hora Disponível (HHD)**.

O resultado deste indicador é apresentado em *"Porcentagem (%)"*.

A meta para este indicador é de PPE> 70%.

O *"Anexo 12"* apresenta a planilha completa de informações sobre o indicador da **Produtividade Pessoal (PPE)**.

KPI 13 – Confiabilidade Física por Manutenção (CFM)

> *"Representa a garantia do cumprimento do processo produtivo conforme programado pela empresa."*

O indicador da **Confiabilidade Física por Manutenção (CFM)** representa o quanto o equipamento está cumprindo sua função no atendimento ao processo produtivo, conforme o período programado, respeitando as mesmas condições de operação.

Representa a não ocorrência de nenhuma falha funcional dentro de um período determinado pela área de planejamento e controle de produção (PCP).

O resultado deste indicador é apresentado em *"Porcentagem (%)"*.

A meta para este indicador é de CFM> 95%.

O *"Anexo 13"* apresenta a planilha completa de informações sobre o indicador da **Confiabilidade Física por Manutenção (CFM)**.

6. Seguindo pelo cumprimento da *Função Programação de Manutenção (PRO)*, na determinação do *"Quando?"* será realizado o serviço e *"Quem?"* irá realizar as atividades planejadas.

A atividade de programação é estratégica para a garantia do cumprimento dos serviços planejados.

A *Função Programação de Manutenção (PRO)* possui como responsabilidade direta a gestão e controle dos seguintes indicadores:

- **KPI 14 – Carga de Serviço Programado (CSP) (KPI Tático).**

- **KPI 15 – Serviço Reprogramado (SRP) (KPI Tático).**

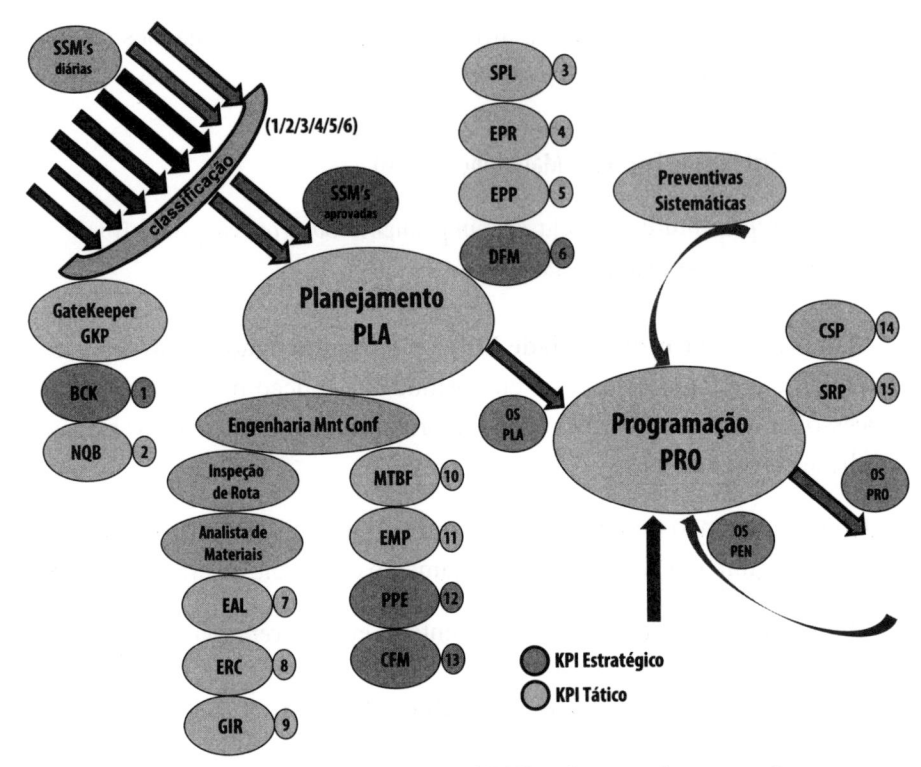

FIGURA 16: POSICIONAMENTO DA FUNÇÃO "PROGRAMAÇÃO (PRO)" E OS RESPECTIVOS INDICADORES DE DESEMPENHO.

KPI 14 – Carga de Serviço Programado (CSP)

"Calcula o quanto dos recursos pessoais disponíveis estão sendo apropriados nos serviços a serem realizados."

O indicador da **Carga de Serviço Programado (CSP)** apresenta a quantidade de tempo programado para cada especialidade de manutenção, no sentido de garantir a cultura da *"manutenção planejada"* nas equipes das oficinas.

DESENHO 25 – INDICADOR DA CARGA DE SERVIÇO PROGRAMADO.

Este indicador relaciona o total de homem-hora, por especialidade, programado por semana, com o total de homem-hora disponível para a mesma especialidade, no mesmo período analisado.

O padrão para este indicador é sempre apresentar o resultado da carga de serviço programado para as 3 próximas semanas, ou seja, durante a Semana 1 (S1), o cálculo deve apresentar os resultados para as próximas 3 Semanas: S2, S3 e S4.

A meta para este indicador é de:

- Para a semana 2(S2) CSP = 100%

- Para a semana 3 (S3) CSP = 60%

- Para a semana 4 (S4) CSP =40%

O resultado deste indicador é apresentado em *"Porcentagem (%)"*.

O *"Anexo 14"* apresenta a planilha completa de informações sobre o indicador da **Carga de Serviço Programado (CSP)**.

KPI 15 – Serviço Reprogramado (SRP)

"Apresenta uma grande oportunidade de entendimento e melhoria nos processos de planejamento e programação da manutenção."

O indicador do **Serviço Reprogramado (SRP)** apresenta a quantidade de serviço que já teve suas atividades planejadas e programadas, mas em função de alguma dificuldade durante a etapa de *Execução* (falta de material, não disponibilização do ativo físico, falha da apropriação do homem-hora, mudança na programação da produção etc.), não foi possível cumprir as tarefas programadas e, desta maneira, deve-se retornar estas atividades para a etapa de *Programação* novamente, criando o conceito do "*serviço reprogramado*".

Este indicador representando os serviços reprogramados apresenta o conceito da importância do cumprimento correto da *Função Planejamento*, pois, com as atividades devidamente planejadas, a probabilidade da necessidade de reprogramação é muito baixa.

A meta para este indicador é de SRP < 5%.

O resultado deste indicador é apresentado em "*Porcentagem (%)*".

O "*Anexo 15*" apresenta a planilha completa de informações sobre o indicador de **Serviço Reprogramado (SRP)**.

7. Seguindo pela atividade da **Função Execução (EXE)**, com o cumprimento da **Função Supervisão (SUP)**, no sentido de garantir a melhor aplicação dos recursos pessoais e materiais programados, dentro dos padrões de segurança, qualidade e produtividade.

A atividade da Função Execução é estratégica para a garantia do cumprimento dos serviços programados, no melhor custo.

É nesta etapa que se apresenta de uma maneira mais participativa a figura das lideranças das equipes de manutenção. A liderança é fundamental para que todas as equipes que compõem as diversas especialidades das oficinas de manutenção possam atuar de uma maneira alinhada com os objetivos do negócio da empresa.

A *Função Execução (EXE)* possui como responsabilidade direta a gestão e controle dos seguintes indicadores:

- KPI 16 – Ordem de Serviço Concluída (OSC) (KPI Operacional).

- KPI 17 – Horas Utilizadas (HUT) (KPI Operacional).

- KPI 18 – Tempo Médio para Reparo (MTTR) (KPI Operacional).

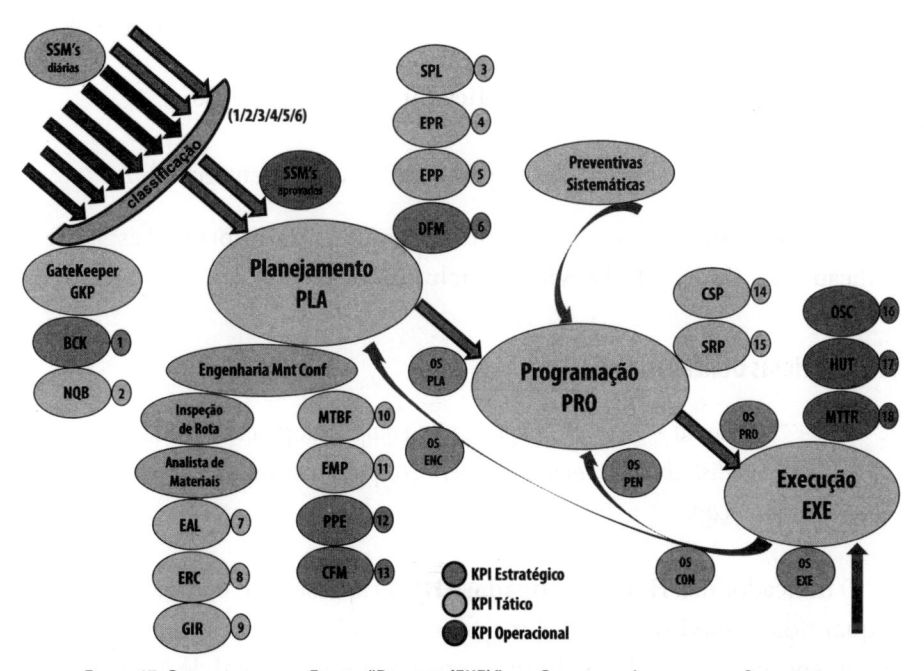

Figura 17: Posicionamento da Função "Execução (EXE)" e os Respectivos Indicadores de Desempenho.

KPI 16 – Ordem de Serviço Concluída (OSC)

"Demonstra a importância do grau de comprometimento dos serviços pelas equipes técnicas de manutenção, considerando os serviços programados, realizados com segurança e qualidade."

O indicador da **Ordem de Serviço Concluída (OSC)** apresenta o comparativo entre a quantidade total de serviço programado (ou reprogramado), no período analisado, com a quantidade total de ordem serviço concluída, no mesmo período.

Este indicador mede o quanto de serviço foi realizado completamente, quando comparado com a quantidade de ordem de serviço programado.

A meta para este indicador é de OSC > 90%.

O resultado deste indicador é apresentado em *"Porcentagem (%)".*

O ***"Anexo 16"*** apresenta a planilha completa de informações sobre o indicador da **Ordem de Serviço Concluída (OSC).**

KPI 17 – Horas Utilizadas (HUT)

"Apresenta o grau de ocupação da equipe, na preocupação constante na distribuição correta dos serviços por parte da supervisão da manutenção."

O indicador das **Horas Utilizadas (HUT)** apresenta o comparativo entre a quantidade total de horas planejadas dos colaboradores das oficinas de manutenção, no período analisado, com a quantidade total de horas utilizadas, no mesmo período.

Este indicador mede o quanto se está utilizando das equipes de manutenção, dentro da abrangência das horas planejadas.

O cumprimento da *"Função Planejamento"* está diretamente relacionado e possui um impacto direto no resultado deste indicador.

A meta para este indicador é de HUT > 90%.

O resultado deste indicador é apresentado em *"Porcentagem (%)".*

O *"Anexo 17"* apresenta a planilha completa de informações sobre o indicador das **Horas Utilizadas (HUT)**.

KPI 18 – Tempo Médio para Reparo (MTTR)

"Apresenta o quão organizada e comprometida está a equipe técnica das oficinas para o cumprimento dos planos de trabalho."

O indicador do **Tempo Médio para Reparo (MTTR)** representa a relação direta entre a quantidade total de reparos realizados dentro de um período analisado com o tempo total utilizado para a realização dos reparos realizados no mesmo período.

É uma métrica que diz respeito à média de tempo utilizado para a realização dos reparos.

Este indicador possui uma característica de quanto *"menor"* melhor, ou seja, significa que, quando o resultado apresentado for menor, as equipes de manutenção conseguem realizar os reparos da melhor maneira possível, nas questões dos tempos envolvidos, contribuindo com o menor impacto no processo produtivo.

A meta para este indicador de MTTR deve ser determinada para cada oficina especializada.

O resultado deste indicador é apresentado em *"Tempo"* (dias, horas ou minutos).

O *"Anexo 18"* apresenta a planilha completa de informações sobre o indicador do **Tempo Médio para Reparo (MTTR)**.

8. Finalizando pela atividade da **Gestão da Manutenção, que** possui como principal atribuição a aplicação direta dos padrões da Governança na Manutenção, definindo os padrões de trabalho e as metas a serem atingidas, periodicamente, controlando todas as oficinas e a área de controle, composta pelo planejamento e pela programação.

Também define as metas orçamentárias e o controle dos custos da manutenção.

Além dos indicadores de desempenho definidos a seguir, o Gestor da Manutenção deve acompanhar os resultados de todos os indicadores vinculados com seu departamento e conhecer a relação entre seus resultados e as interferências diretas e indiretas com outros departamentos da empresa.

A *Gestão da Manutenção (GM)* possui como responsabilidade direta a gestão e controle dos seguintes indicadores:

- **KPI 19 – Eficiência dos Custos de Manutenção (ECM) (KPI Estratégico).**

- **KPI 20 – Custo Total de Manutenção (CTM) (KPI Estratégico).**

- **KPI 21 – Eficácia Total do Desempenho dos Ativos Físicos (UEE) (KPI Estratégico).**

- **KPI 22 – Eficácia Global dos Ativos Físicos (OEE) (KPI Estratégico).**

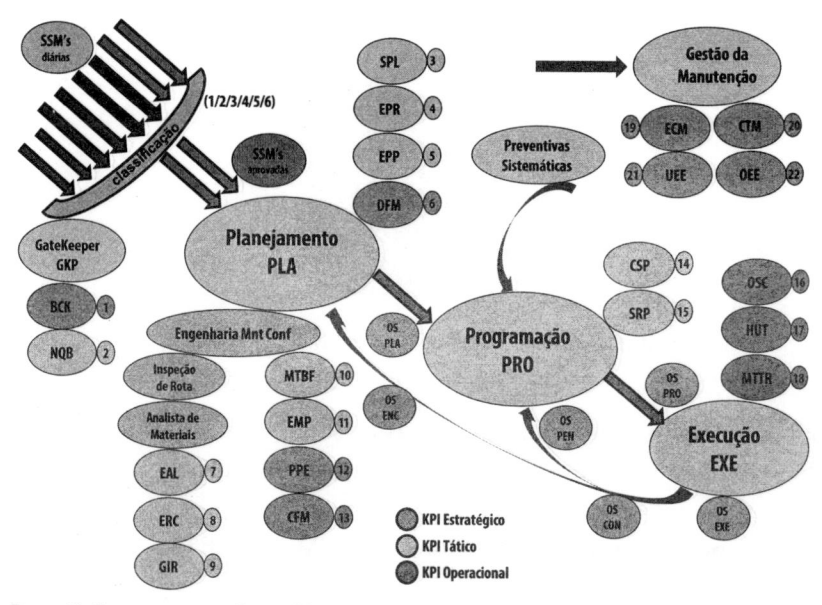

FIGURA 18: POSICIONAMENTO DA FUNÇÃO "GESTÃO DA MANUTENÇÃO" E OS RESPECTIVOS INDICADORES DE DESEMPENHO.

KPI 19 – Eficiência dos Custos de Manutenção (ECM)

"A aplicação correta dos recursos financeiros é base para a sustentabilidade dos processos de manutenção."

O indicador da **Eficiência dos Custos de Manutenção (ECM)** representa a relação direta entre o custo de manutenção real, quando comparado com o custo de manutenção previsto (orçamento aprovado), dentro do período analisado. Normalmente, este período de análise é mensal.

DESENHO 26 – INDICADOR DE EFICIÊNCIA DOS CUSTOS DE MANUTENÇÃO.

Este indicador apresenta quanto **assertiva** está a previsão dos custos envolvidos com todos os serviços de manutenção planejados.

A meta para este indicador é de ECM entre 85% - 115%.

O resultado deste indicador é apresentado em *"Porcentagem (%)"*.

O ***"Anexo 19"*** apresenta a planilha completa de informações sobre o indicador da **Eficiência dos Custos de Manutenção (ECM)**.

KPI 20 – Custo Total de Manutenção (CTM)

"Quanto melhor o impacto da manutenção nos custos operacionais, melhor o conceito das necessidades dos serviços realizados em campo contribuindo diretamente nos resultados da empresa."

O indicador do **Custo Total de Manutenção (CTM)** representa a relação direta entre o custo total de manutenção, quando comparado com o custo operacional, ou seja, é a contribuição direta da manutenção nos custos totais operacionais da empresa.

Este indicador apresenta o **impacto** direto dos custos totais de manutenção nos custos do negócio da empresa.

A meta para este indicador é de CTM < 10%.

O resultado deste indicador é apresentado em *"Porcentagem (%)"*.

O *"Anexo 20"* apresenta a planilha completa de informações sobre o indicador do **Custo Total de Manutenção (CTM)**.

KPI 21 – Eficácia Total do Desempenho dos Ativos Físicos (UEE)

"Apresenta a melhor condição dos ativos físicos instalados, na utilização plena da capacidade, sempre na dependência da demanda gerada pelo mercado consumidor."

O indicador da **Eficácia Total do Desempenho dos Ativos Físicos (UEE)** apresenta o quanto é possível conseguir extrair de um ativo físico na sua utilização eficaz no atendimento ao processo produtivo, onde este ativo está instalado, em função do tempo total calendário.

Ou seja, o UEE mede a eficácia total do ativo físico relativo a cada minuto do tempo do calendário, pois, em muitas situações a alta direção está interessada em saber de que maneira os ativos físicos estão sendo utilizados, com relação ao tempo total do calendário.

O UEE é uma métrica que indica oportunidades que podem existir entre as operações correntes e os níveis de classe mundial. Revela como tornar a empresa mais competitiva e deve ser utilizada em combinação com as informações dos resultados financeiros calculados.

É representado pela utilização plena das funções e das capacidades de um ativo físico.

Este indicador é calculado através da multiplicação dos 3 indicadores apresentados a seguir:

a. Utilização (Tempo Utilizado / Tempo Total Calendário).

b. Desempenho (Produção Real / Produção Ideal).

c. Qualidade do Produto Final (Produtos Bons – Produtos Defeituosos) / Produtos Bons).

Desta maneira, este indicador é o retrato fiel do que o equipamento representa para os negócios da empresa, dentro do contexto da produção, no período da utilização plena do ativo físico.

A meta para este indicador é de UEE > 70%.

O resultado deste indicador é apresentado em *"Porcentagem (%)"*.

O *"Anexo 21"* apresenta a planilha completa de informações sobre o indicador da **Eficácia Total do Desempenho dos Ativos Físicos (UEE)**.

KPI 22 – Eficácia Global dos Ativos Físicos (OEE)

"A maneira como o valor está sendo gerado através dos ativos, em um cenário de mercado controlado pelo período de produção programado, representa a melhor aplicação na gestão dos ativos físicos."

O indicador da **Eficácia Global dos Ativos Físicos (OEE)** apresenta o quanto é possível conseguir extrair de um ativo físico na sua aplicação eficaz no atendimento ao processo produtivo, onde este ativo está instalado, em função do tempo total programado (descontado as perdas programadas).

É representado pela aplicação plena das funções e das capacidades de um ativo físico.

Este indicador é calculado através da multiplicação dos 3 indicadores apresentados a seguir:

a. Disponibilidade Operacional (Tempo de Operação / Tempo Programado para Operar).

b. Desempenho (Produção Real / Produção Ideal).

c. Qualidade do Produto Final (Produtos Bons – Produtos Defeituosos) / Produtos Bons).

Desta maneira, este indicador é o retrato fiel do que o equipamento representa para os negócios da empresa, dentro do contexto da produção, no período da disponibilidade operacional.

A meta para este indicador é de OEE> 95% para processos produtivos contínuos e de OEE> 85% para processos produtivos por bateladas (lotes produtivos individuais).

O resultado deste indicador é apresentado em *"Porcentagem (%)"*.

O *"Anexo 22"* apresenta a planilha completa de informações sobre o indicador da **Eficácia Global dos Ativos Físicos (OEE)**.

Segue o diagrama que apresenta a relação direta entre os indicadores de disponibilidade operacional (DISP), de eficácia global do ativo físico (OEE), da eficácia total do desempenho do ativo físico (UEE) e a utilização (UTIL):

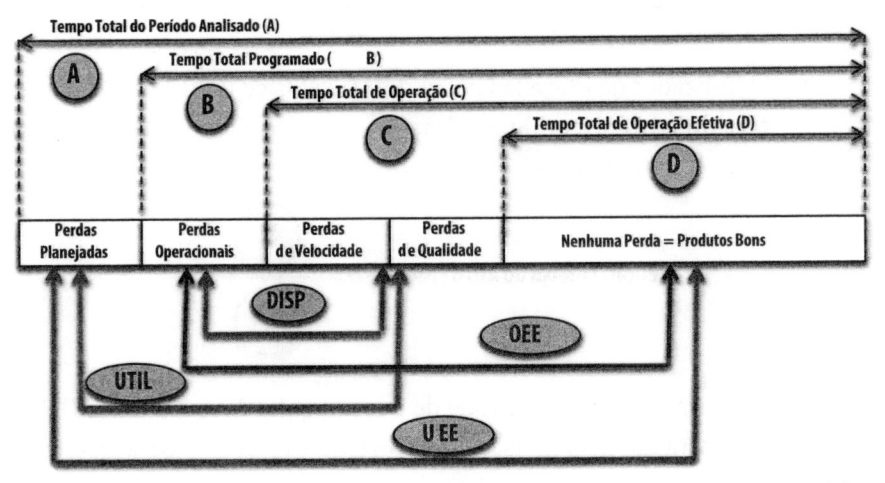

FIGURA 19: RELAÇÃO ENTRE OS INDICADORES DE DESEMPENHO DE DISPONIBILIDADE OPERACIONAL, UTILIZAÇÃO, UEE E OEE.

Sendo:

a. O indicador da Disponibilidade Operacional (DISP), representado pela divisão entre o Tempo Total de Operação (C) e o Tempo Total Programado (B):

$$\text{Disponibilidade Operacional (DISP)} = \frac{C}{B}$$

b. O indicador da Utilização (UTIL), representado pela divisão entre o Tempo Total de Operação (C) e o Tempo Total do Período Analisado (A):

$$\text{Utilização (UTIL)} = \frac{C}{A}$$

c. O indicador de Eficácia Global do Ativo Físico (OEE), representado pela divisão entre o Tempo Total de Operação Efetiva (D) e o Tempo Total Programado (B):

$$\text{Eficácia Global do Ativo Físico (OEE)} = \frac{D}{B}$$

d. O indicador de Eficácia Total de Desempenho do Ativo Físico (UEE), representado pela divisão entre o Tempo Total de Operação Efetiva (D) e o Tempo Total do Período Analisado (A):

$$\text{Eficácia Total do Desempenho do Ativo Físico (UEE)} = \frac{D}{A}$$

QUESTÕES RELACIONADAS A ESTE CAPÍTULO

1. Como é definido o Homem-Hora Disponível (HHD) da manutenção?

2. Explicar a relação entre o indicador de desempenho de "Backlog (BCK)" com o indicador dos "Serviços Planejados (SPL)".

3. Explicar a relação entre o indicador de desempenho do "Número de Quebras (NQB)" com o indicador do "Custo Total de Manutenção (CTM)".

4. Explicar a relação entre o indicador de desempenho de "Execução de Manutenção Preventiva (EMP)" com o indicador do "Giro de Estoque (GIR)".

5. Explicar a relação entre o indicador de desempenho do "Tempo Médio entre Falhas (MTBF)" com o indicador do "Custo Total de Manutenção (CTM)".

6. Explicar a relação entre o indicador de desempenho do "Backlog (BCK)" com o indicador do "Tempo Médio para Reparos (MTTR)".

7. Explicar a relação entre o indicador de desempenho da "Disponibilidade Física por Manutenção (DFM)" com o indicador do "Número de Quebras (NQB)".

8. Qual a relação entre o indicador de "Produtividade Pessoal das Equipes de Manutenção (PPE)" com o indicador de "Backlog (BCK)"?

9. Por que no cálculo do indicador de "Backlog" (BCK) não são considerados os eventos corretivos não planejados?

10. Qual é a unidade de medida que deve ser utilizada para o cálculo do indicador de "Backlog"? Explique por quê.

Capítulo 10

A IDENTIDADE DOS INDICADORES

"A maneira como as informações estão estruturadas é responsável pela eficácia da gestão e do controle, e contribui diretamente para o atingimento dos resultados."

Os indicadores de desempenho necessitam de um padrão de organização dos dados, definição dos parâmetros de cálculo, compilação das informações recebidas e apresentação que caracteriza sua identidade, com o seguinte conteúdo:

DESENHO 27 – IDENTIDADE DOS INDICADORES.

a. Título (denominação do indicador medido).

b. Perfil (estratégico / tático / operacional).

c. Processo (processo operacional ao qual o indicador está relacionado).

d. Unidade de medida (forma de medição do indicador).

e. Objetivo do indicador (para que o indicador está sendo calculado).

f. Tipo de indicador (a qual família o indicador pertence).

g. Fonte (forma de obtenção dos parâmetros da fórmula de cálculo).

h. Usuário responsável (colaborador responsável pelo cálculo e divulgação).

i. Fórmula de cálculo (relação entre os parâmetros de cálculo).

j. Frequência de apuração (periodicidade das medições).

k. Definição dos parâmetros da fórmula (significado de cada parâmetro do cálculo).

l. Visões (interessados no recebimento do indicador calculado).

m. Elementos chave (referências críticas que interferem diretamente no comportamento do indicador calculado).

QUESTÕES RELACIONADAS A ESTE CAPÍTULO

1. Após calculado, para qual função deve ser direcionado o indicador de desempenho de "Número de Quebras" (NQB)?

2. Após calculado, para qual função deve ser direcionado o indicador de desempenho da "Carga de Serviço Programado" (CSP)?

3. Após calculado, para qual função deve ser direcionado o indicador de desempenho de "Ordem de Serviço Concluída" (OSC)?

4. Após calculado, para qual função deve ser direcionado o indicador de desempenho da "Eficiência dos Custos de Manutenção" (ECM)?

5. Após calculado, para qual função deve ser direcionado o indicador de desempenho de "Execução de Manutenção Preventiva" (EMP)?

Capítulo 11

O RELACIONAMENTO E A DEPENDÊNCIA ENTRE OS INDICADORES

"O indicador de desempenho calculado não pode ser analisado individualmente, pois esta prática pode levar a um risco de uma tomada de decisão errada no processo que está sendo gerenciado."

Os indicadores de desempenho têm a capacidade de evidenciar potenciais de melhoria, porém estas evidências afetam mais de um indicador, caracterizando uma relação entre eles de tal forma que em uma análise completa da situação do processo devem-se considerar todos os indicadores simultaneamente para se obter um resultado real e consistente.

Caso um indicador seja analisado isoladamente, pode-se chegar a conclusões que não condizem com a realidade. Isso pode ser exemplificado com o caso a seguir:

- O indicador de *"backlog"* (*somatória da carga de serviço referente a ordens de serviço planejadas, programadas, em execução e pendentes por especialidade*) é utilizado para dimensionar a carga de serviço (em horas, dias ou semanas) da equipe atual, por especialidade, já considerando o fator de produtividade pessoal, caso não ocorra nenhuma nova solicitação até o presente momento do seu cálculo. Analisando isoladamente uma diminuição neste indicador, caracterizaria um excesso de mão de obra para a execução dos serviços e consequentemente diminuição de colaboradores na equipe.

- Porém, a redução do *"backlog"* pode ser devido a um excesso de horas extras, aumento de confiabilidade dos serviços prestados, melhor eficiência da programação e do planejamento, melhor disponibilidade e produtividade de pessoal, ou ainda um menor absenteísmo. Portanto, diversos outros indicadores são variáveis que influenciam no resultado do *"backlog"*.

Desenho 28 – Relacionamento dos Indicadores.

Qualquer ação baseada em indicadores de desempenho deve ser tomada apenas após uma análise dos indicadores em conjunto.

Outro ponto é a existência de indicadores de desempenho que são parâmetros no cálculo de outros KPI's.

Continuando no exemplo acima, uma análise em conjunto com o índice de pendências indicaria a relação de tempo entre os serviços pendentes. Por exemplo, poderemos nos deparar com um valor de *"backlog"* alto com um

Indicadores de Desempenho de Manutenção - Tabela de Dependência - Governança na Manutenção

8	9	10	11	12	13	14	15	16	17	18	19	20	21	22
ERC	GIR	MTBF	EMP	PPE	CFM	CSP	SRP	OSC	HUT	MTTR	ECM	CTM	UEE	OEE
ERC														
	GIR													
		MTBF												
			EMP											
				PPE										
					CFM									
						CSP								
							SRP							
								OSC						
									HUT					
										MTTR				
											ECM			
												CTM		
													UEE	
														OEE

QUESTÕES RELACIONADAS A ESTE CAPÍTULO

1. Qual é a melhor estratégia para realizar uma análise de resultado de um indicador de desempenho de manutenção?

2. Por que não se pode realizar uma análise de resultado individual para cada indicador calculado?

3. Explicar a relação direta entre os indicadores de MTBF (Tempo Médio entre Falhas), o indicador de MTTR (Tempo Médio para Reparos) e o indicador da Disponibilidade Física por Manutenção (DFM).

4. Explicar a relação entre o indicador de desempenho de "Ordem de Serviço Concluída (OSC)" com o indicador do "Número de Quebras (NQB)".

5. Explicar a relação entre o indicador de desempenho da "Produtividade Pessoal (PPE)" com o indicador da "Eficiência das Requisições de Compras (ERC)".

6. Explicar a relação entre o indicador de desempenho da "Eficácia do Almoxarifado (EAL)" com o indicador do "Giro de Estoque (GIR)".

Capítulo 12

O HISTÓRICO COMO FONTE DE INFORMAÇÃO DO "BASE-LINE"

"O histórico dos indicadores de desempenho calculados deve projetar um melhor resultado no futuro."

"Toda vez que iniciar um processo de melhoria, é importante entender o processo e definir uma base de referência como partida para determinar uma meta."

As informações disponibilizadas no histórico são fundamentais para que possamos realizar um ótimo estudo de *"base-line"*.

Estas informações devem possuir uma base de consistência e confiabilidade de maneira que os resultados dos estudos sejam passíveis de nos orientar na determinação de metas possíveis de serem atingidas.

Desenho 29 – O Histórico como Informação.

O histórico de informações, sendo uma base para que possamos obter dados que irão compor as parcelas do estudo em cada caso, deve ser alimentado rotineiramente e de uma maneira padronizada, com o objetivo de garantir uma base confiável de informações para que o resultado seja possível de ser aplicado.

Além das informações quantitativas fornecidas pelo histórico, podemos também através desta fonte de dados identificar tendências de comportamento de cada indicador a ser analisado.

QUESTÕES RELACIONADAS A ESTE CAPÍTULO

1. Explicar a importância da qualidade da informação quando da solicitação de um serviço de manutenção.

2. Explicar a importância do histórico com qualidade e confiabilidade nos dados armazenados.

3. Explicar a relação direta da qualidade da informação armazenada no histórico de controle da manutenção com a segurança do trabalho dos serviços de campo.

CAPÍTULO 13

A DEFINIÇÃO DE METAS

"A meta deve ser determinada, considerando as condições organizacionais atuais da empresa, e deve ser escalonada seguindo o avanço dos processos de melhoria."

Metas são parâmetros de referência que refletem um objetivo a ser alcançado. O valor remete à estratégia definida pela área relacionada com o indicador analisado. Metas são fixadas para cada indicador de desempenho com o intuito de se atingir o resultado das atividades realizadas.

DESENHO 30 – A DEFINIÇÃO DE METAS.

O que diferencia as metas dos objetivos é que os objetivos são as descrições qualitativas daquilo que se pretende atingir como resultado, enquanto as metas são representadas pelos objetivos quantificados, com um prazo determinado, e que seja possível ser medido. Objetivo é a finalidade, fornece a direção, significa o mesmo que alvo.

A incumbência de definir os valores das metas é dos responsáveis pelas áreas de atuação, em muitos casos tomando-se como base o histórico de dados da própria empresa e dos dados provenientes do mercado, com o auxílio de outras pessoas com experiência nos tipos de atividades realizadas.

Este trabalho deve ser executado no início da operação dos processos, sendo revisto ao longo do seu uso visando os valores obtidos e os novos objetivos a serem conquistados.

As metas são de suma importância para as equipes responsáveis pela realização de atividades às quais estão vinculadas. A execução dos trabalhos e sua programação devem sempre visar às conquistas dos índices estipulados pelas metas. Além de importante, torna-ne necessária a existência de metas para que possamos obter uma referência dos processos em desenvolvimento e contribuir na identificação de oportunidades de melhorias e nas possíveis soluções.

Os processos de trabalho podem ser firmados com base no resultado obtido com as atividades realizadas; desta maneira, pode-se vincular uma possibilidade de recompensa financeira direta ao se alcançar às metas propostas. Neste tipo de atividade a definição das metas deve ser ainda mais cautelosa e criteriosa, envolvendo ambas as partes envolvidas.

No caso mencionado, a execução das atividades não deve ser direcionada apenas em função dos indicadores que possuem metas, que irão contribuir com o cálculo da remuneração variável, e deixando de lado os outros indicadores, pois estes outros indicadores, muitas vezes identificados como secundários, podem vir a influir diretamente nos resultados a serem alcançados, conforme já detalhado em capítulo acima.

Outra oportunidade criada pela utilização de metas é a possibilidade de criar recompensas às pessoas em função de metas atingidas, estimulando o trabalhador a conseguir sempre melhores resultados, aumentando a qualidade da atividade realizada.

QUESTÕES RELACIONADAS A ESTE CAPÍTULO

1. Citar 3 cuidados que devem ser tomados quando da definição de uma meta para o indicador de desempenho medido em questão.

2. Por que a meta do indicador de Eficácia Global dos Ativos Físicos (OEE) é diferente quando o processo produtivo é contínuo, ou quando o processo produtivo é por batelada (lotes específicos)?

3. Explicar a relação direta que existe entre o indicador de desempenho do "Número de Quebras (NQB)" e o indicador dos "Serviços Planejados (SPL)".

4. De quem é a responsabilidade pela gestão do indicador de Eficiência dos Custos de Manutenção (CFM)?

CAPÍTULO 14

O INDICADOR COMO PARTE ESTRATÉGICA DA MELHORIA CONTÍNUA

"O processo de governança deve garantir a base para a busca diária por melhoria contínua, em todas as atividades realizadas pelas equipes de manutenção."

Todo processo de trabalho possui atividades e uma dinâmica cujas operações realizadas no atendimento aos processos devem atingir resultados periódicos, que são os resultados qualitativos representando aquilo que é realizado pelos colaboradores em operações individuais e/ou coletivas.

DESENHO 31 – A MELHORIA CONTÍNUA.

Estes resultados qualitativos vão sendo obtidos e registrados em documentos padronizados compondo um histórico de informações, onde são armazenadas em um banco de dados, para que consultas posteriores possam ser realizadas e estudos de melhoria contínua determinados ao longo do tempo.

O que ocorre é que as informações qualitativas ficam registradas em documentos, e pelo fato de serem muito abrangentes, parte das informações fica na memória dos colaboradores e com o passar do tempo estas informações qualitativas vão perdendo sua referencia, e em função da dinâmica dos processos de trabalho também perdem a sua condição de comparação.

Em função desta condição, é necessário que se possam criar, além da memória técnica com a referência qualitativa, as referências quantitativas, medindo sempre que possível os mesmos processos de trabalho conduzidos pelos colaboradores da manutenção.

Para este processo de transformação dos resultados qualitativos em métricas quantitativas, é o que denominamos a criação dos indicadores de desempenho.

Estes indicadores de desempenho devem ser representados por parâmetros definidos, fórmulas empíricas e um processo de coleta das informações padronizado, com o principal objetivo de garantir a assertividade no agrupamento das informações, conduzindo com o cálculo matemático de resultado quantitativo, que possa representar, definitivamente, as práticas dos processos que estão sendo medidos.

Com o processo de medição quantitativo implementado, é possível iniciar um processo de comparação. A comparação pode ser:

a. Associada à realidade do processo medido, através de um período de tempo determinado.

b. Realizada deste processo com processos similares na mesma empresa, também considerando uma periodicidade definida de tempo.

c. Determinada entre as empresas do mesmo segmento no mercado nacional.

d. Estendida ao setor, por exemplo, industrial no mercado nacional, considerando todos os segmentos industriais ou comerciais.

e. Estendida também à possibilidade de comparação com o mercado internacional, já com uma referência de melhores práticas, na qual se denomina um processo de "benchmarking".

É através da oportunidade de se obter resultados quantitativos, medidos por meio dos indicadores de desempenho, que é criada a possibilidade da definição de metas na busca constante de melhoria contínua nos processos na quais as medições estão sendo realizadas.

A melhoria contínua é importante, pelo fato de poder criar um cenário desafiador na principal oportunidade de revisão dos processos atuais, eliminação dos desperdícios, eliminação dos trabalhos duplicados, em uma consciência cada vez maior sobre a importância de um trabalho correto, focado na melhor proposta de resultado para a empresa, considerando o menor risco, o menor esforço e o melhor custo, entendendo que as metas determinadas periodicamente como uma proposta de melhoria contínua possuem 2 (duas) características, conforme apresentadas a seguir:

a. As metas devem ser definidas para cada processo analisado e medido considerando as características locais e regionais, individuais de cada processo e de cada empresa.

b. As metas devem ser escalonadas ao longo do tempo, criando um processo motivacional para toda a equipe.

Portanto, com um processo de medição quantitativa, através dos resultados obtidos representados por indicadores de desempenho, é possível caracterizar um padrão de melhoria contínua, na qual periodicamente é realizado o acompanhamento dos resultados, que são gerados através dos processos realizados continuamente.

QUESTÕES RELACIONADAS A ESTE CAPÍTULO

1. Qual é a relação de um indicador de desempenho de manutenção com um processo de melhoria contínua?

2. Explicar o motivo por que o indicador de desempenho "Backlog (BCK)" está sob a responsabilidade do "Gatekeeper".

3. Qual é a diferença entre o indicador de Eficácia Global dos Ativos Físicos (OEE) e o indicador de Eficácia Total do Desempenho do Ativo Físico (UEE).

4. Por que a análise de resultado do indicador de Eficácia Total do Desempenho do Ativo Físico (UEE) é mais estratégica do que o indicador de Eficácia Global dos Ativos Físicos (OEE)?

5. Por que o indicador de OEE nunca vai ser igual ao indicador de Eficácia Total do Desempenho do Ativo Físico (UEE)?

6. Qual é a importância da priorização dos serviços de manutenção?

CAPÍTULO 15

O PLANO DE AÇÃO

"O plano de ação deve ser elaborado com foco no seu cumprimento assertivo, e não somente o foco voltado ao planejamento das atividades."

Após se conhecer a política, as diretrizes, a situação atual, as metas pretendidas e as "melhores práticas" ou os caminhos estratégicos, é necessário determinar um plano de ação, o qual deve conter as ações a serem implementadas, o responsável e o prazo para a implementação de cada ação.

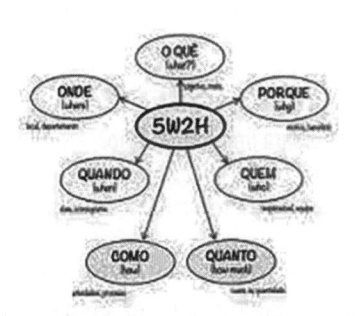

DESENHO 32 – O PLANO DE AÇÃO.

Este plano deve ser estabelecido de forma compatível com as metas a serem alcançadas.

Para selecionar as ações a serem implementadas, devemos priorizar as que mais influenciam na obtenção das metas pretendidas. Sempre é possível analisar 20% das ações que correspondem a 80% dos resultados. Esta regra é conhecida por 80-20. Para auxiliar a análise de importância de cada ação, devemos utilizar os conceitos de Pareto e da curva ABC.

A região sombreada do diagrama a seguir mostra quais ações devem ser priorizadas.

O plano de ação deve ser estabelecido com o cuidado de não reunir muitas ações, pois apesar de aparentemente mais completo, dificilmente se consegue uma priorização em que as ações mais simples são executadas e não as mais importantes. Os esforços se dispersam, anulando o efeito da análise 80-20.

Potencial de melhoria			
Alto Baixo			Alto Alto
Baixo Baixo			Baixo Alto

Dificuldade para implementação.

No processo de governança da manutenção, a palavra central é o "controle".

Obtendo o controle das atividades de manutenção, o processo está garantido e as melhorias necessárias podem ser visualizadas de maneira correta, na oportunidade da realização das atividades ao menor custo.

Alinhado a este entendimento, para se obter o controle é necessário conhecer o que está sendo realizado e por quê.

Neste contexto é que são introduzidos os indicadores de desempenho, os quais possuem como característica principal a função de comparar os parâmetros de processo e transformar os resultados quantitativos, fornecendo ao sistema um resultado em que se possa posicionar a atividade, comparando com outros processos similares, e sempre que possível encontrar uma motivação para que qualquer processo possa ser melhorado continuamente, e as melhorias dos processos representadas por ações, que devem possuir um detalhamento correto de como devem ser executadas, devem também possuir o responsável técnico para a condução desde o início até o final, um local bem determinado para a sua realização, todos os recursos necessários provisionados e um prazo alinhado com as necessidades do processo, para que possam ser acompanhados e façam parte de um plano de ação.

Portanto, fica evidente a relação direta entre o cálculo de qualquer indicador de desempenho no entendimento do que está sendo calculado, da relação do cálculo do indicador, com a oportunidade da criação de um plano de ação de melhorias.

Em um processo no qual se construa um plano de ação com atividades diversas, os indicadores operam como termômetro de resultado e cumprimento das ações com assertividade e confiabilidade.

Neste quesito, cabe aos indicadores a função de determinar se as ações realizadas através de recursos limitados estão de acordo com os objetivos e se são adequadas ao momento da empresa.

Um plano de ação bem elaborado requer um cuidado no sentido de que todos os parâmetros a serem determinados para cada atividade sejam cumpridos com determinação, profissionalismo, empenho, qualidade e confiabilidade.

Um cuidado adicional deve ser tomado com 2 (dois) pontos constantes em um plano de ação.

O primeiro é a determinação, não somente o "que" deve ser realizado, mas principalmente "como" as atividades devem ser realizadas, no detalhamento, na definição de padrões e caminhos, facilitando e educando cada colaborador na realização das suas tarefas diárias, criando um padrão único para a empresa, instalando definitivamente um processo de trabalho orientado, na qual é configurado como parte da estratégia da empresa.

Figura 21: Modelo de Plano de Ação (5W1H) – Atividades.

O segundo ponto importante é a determinação dos prazos de realização de cada atividade.

Por mais que se possa realizar cada atividade em um tempo conhecido, não significa que seja possível realizar várias atividades ao mesmo tempo, portanto, um cuidado deve ser tomado para que se sequenciem as atividades com seus respectivos tempos individuais, para evitar que se crie expectativa de prazo e resultado que não esteja alinhado com a realidade da empresa.

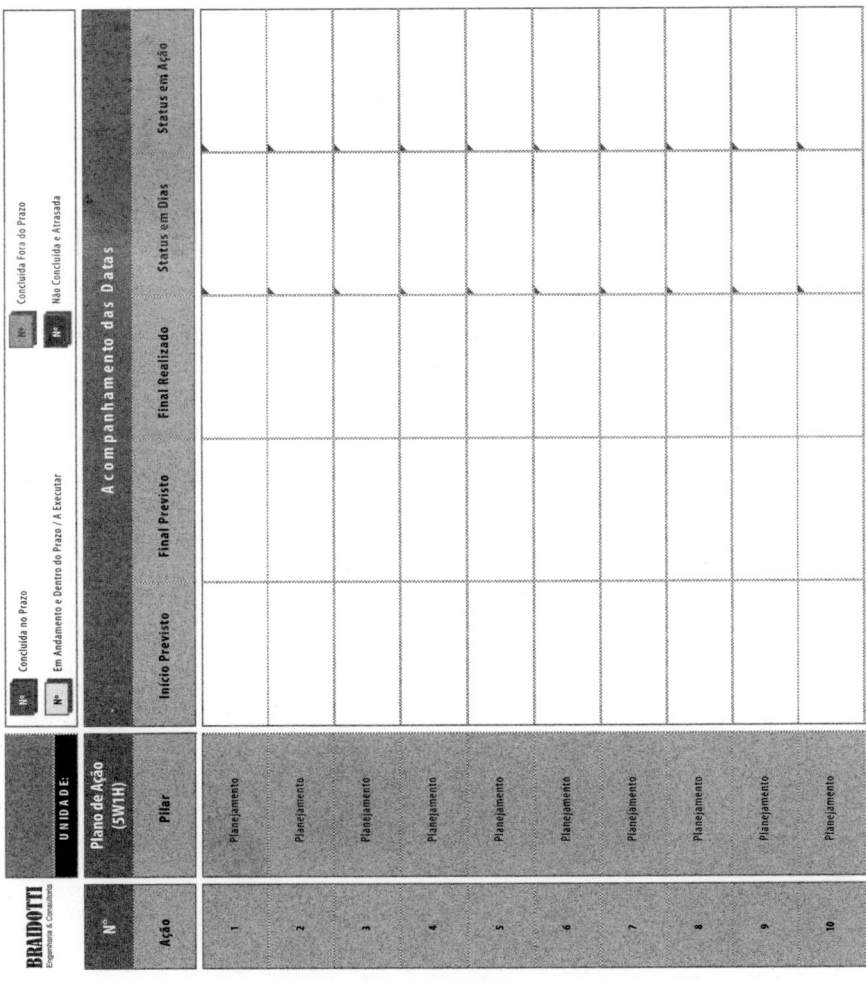

FIGURA 22: MODELO DE PLANO DE AÇÃO (5W1H) – PRAZOS DE REALIZAÇÃO.

O plano de ação deve ser visitado diariamente, e a cada resultado calculado através do indicador de desempenho deve ser realizada uma checagem, para verificar se as ações estão sendo cumpridas e se o indicador de desempenho continua aderente ao processo no qual os trabalhos estão sendo realizados.

Em função de uma característica extremamente técnica nas funções operacionais da manutenção, o entendimento sobre o formato, a estratégia e as responsabilidades que devem ser dedicadas a um plano de ação, com a relação direta com os indicadores de desempenho de manutenção, não é de fácil compreensão e entendimento dos colaboradores, pois a prática mostra que as atividades são realizadas de maneira contínua e repetitiva, sem que haja preocupação sobre a causa-raiz de cada ocorrência, e muito menos a preocupação em medir o que está sendo realizado, como base de apoio para determinação de um plano de melhoria contínua. É neste momento que a governança aplicada de uma maneira correta reúne todas as pontas para que em um processo único de entendimento e alinhamento contínuo os colaboradores possam entender e compreender o motivo pelo qual alguns indicadores são calculados com a devida aderência a cada processo das suas tarefas e atividades realizadas diariamente.

A governança da manutenção utiliza como ferramenta ações organizadas através do planejamento na composição de um plano de ação e traz para o processo de controle.

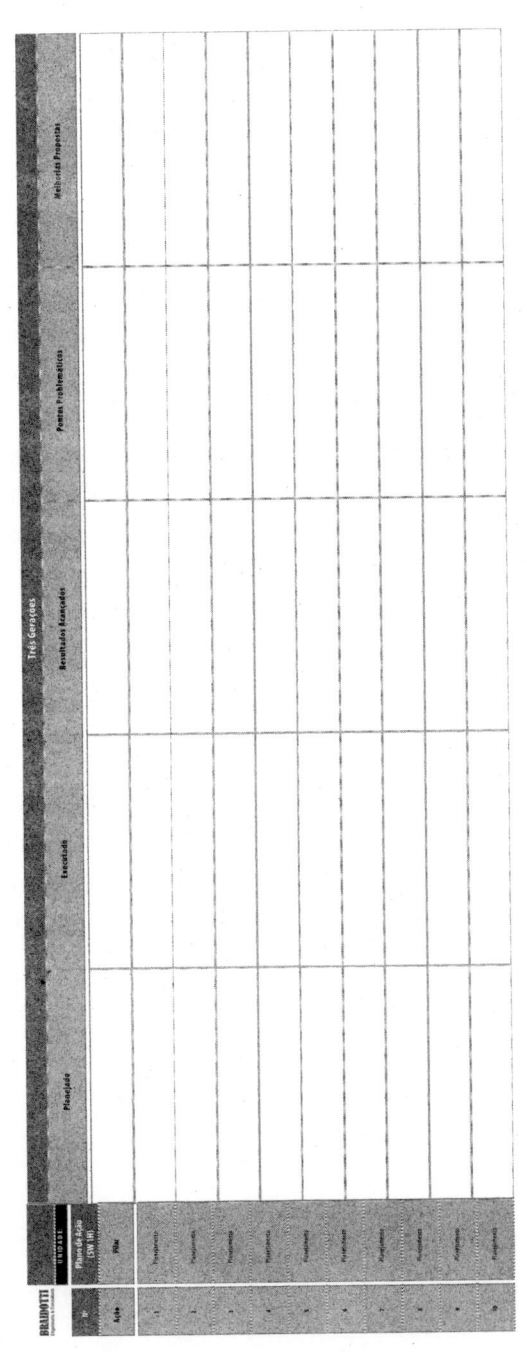

Figura 23: Modelo de Plano de Ação (5W1H) – 3 Gerações.

Utiliza o plano de ação como uma ferramenta de gestão de atividades diárias com o provisionamento e nivelamento de recursos, acompanhando os avanços e os resultados obtidos através de cada ação realizada, com a oportunidade também de gerenciar as atividades realizadas através do padrão das "3 Gerações", apresentando para cada ação o que foi "Planejado", quando se decidiu pela sua realização, o que foi "Realizado", com o cumprimento das atividades e dos passos para cada situação, as "Melhorias" obtidas, ou seja, o que se obteve como resultado da ação implementada, algum "Ponto Problemático" encontrado caracterizando alguma dificuldade, algum obstáculo ou um resultado não atingido na sua plenitude conforme planejado, a qual irá carecer de um estudo mais profundo, e a oportunidade da criação de um novo desafio para uma nova ação de "Melhoria da Proposta" para o mesmo ponto, pois qualquer ação realizada é uma oportunidade de aprendizado contínuo, e as metas determinadas quando do planejamento de uma ação podem ser modificadas e alinhadas com as necessidades da empresa, necessitando de mais cuidado e de uma nova etapa de ação de melhoria.

Finalizando, é muito importante que cada colaborador possa atribuir e relacionar com as suas atividades diárias pelo menos um indicador de desempenho que possa utilizar como base de apoio aos seus processos de trabalho e melhorias em andamento, com o principal objetivo de que este processo de controle possa criar uma motivação adicional, na sua participação em qualquer tipo de atividade, a qual venha realizando corretamente.

QUESTÕES RELACIONADAS A ESTE CAPÍTULO

1. Quais são os fatores que devem fazer parte de um plano de ação?

2. Quais são os 2 fatores mais críticos que requerem um cuidado adicional?

3. Comentar o risco de se conviver com um resultado do "Backlog" apresentado como 7 (sete) semanas.

4. Comentar o risco e a oportunidade que se pode encontrar com um resultado do "Backlog" apresentado como 1 (uma) semana.

5. Comentar a importância da aplicação do padrão das "3 Gerações".

CAPÍTULO 16

O PLANEJAMENTO E A GOVERNANÇA NA MANUTENÇÃO

"O cumprimento da Função Planejamento é muito mais abrangente do que somente o provisionamento dos recursos para o atendimento às atividades de manutenção."

O Planejamento da Manutenção é a função que possui como característica principal o tratamento de todas as informações resultantes através das práticas diárias realizadas pelas equipes de manutenção.

DESENHO 33 – O PLANEJAMENTO E A GOVERNANÇA.

O Planejamento é o responsável por possibilitar a caminhada entre a situação atual e as metas pretendidas.

Para isto, os indicadores de desempenho têm um papel fundamental em prover informações para que ações sejam tomadas de uma maneira proativa.

Não é suficiente conhecer as melhores práticas; é necessário ter capacidade de liderança para uma implementação rápida e fazer acontecer no momento certo, evitando ações reativas.

Para isto, a utilização correta dos indicadores de desempenho possibilita a prática de ações proativas.

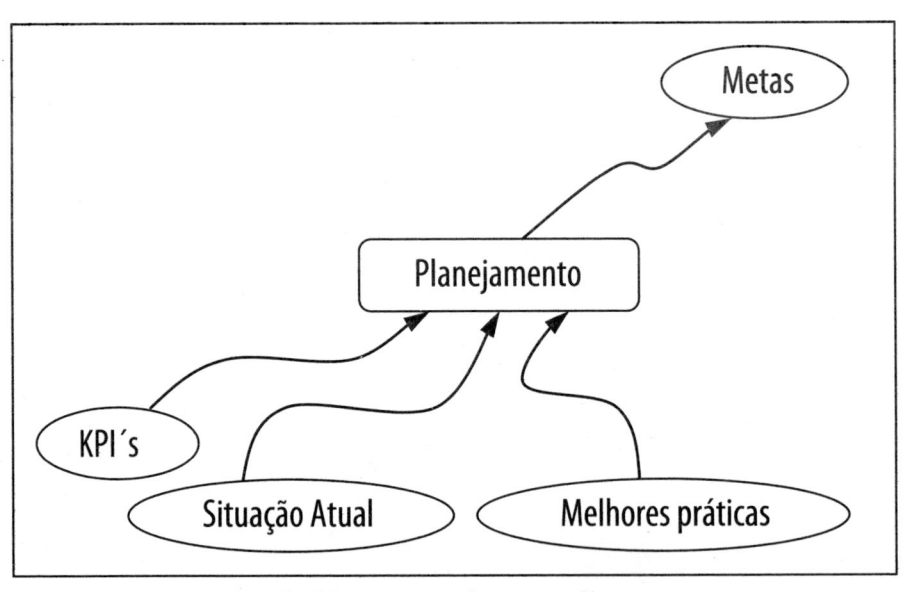

FIGURA 24: O PLANEJAMENTO E A GOVERNANÇA NA MANUTENÇÃO.

QUESTÕES RELACIONADAS A ESTE CAPÍTULO

1. Explicar a importância estratégica da Função Planejamento da Manutenção.

2. Explicar a importância tática da Função Programação de Manutenção e apresentar as 3 vias de origem da demanda do Programador de Manutenção.

3. Explicar a importância da Engenharia de Manutenção no apoio direto ao Planejamento da Manutenção.

4. Explicar a importância de o inspetor técnico da manutenção estar posicionado hierarquicamente sob o Planejamento da Manutenção, ou combinado com a Engenharia de Manutenção.

5. Explicar a importância do Analista de Materiais posicionado na estrutura do Planejamento da Manutenção.

6. Explicar o motivo pelo qual o Planejador não é responsável por analisar todas as solicitações dos serviços de manutenção apresentadas pelos colaboradores da empresa.

7. Explicar a diferença entre a Função Planejamento e a Função Programação da Manutenção.

8. Dos indicadores de desempenho apresentados, qual define a eficácia do Planejamento da Manutenção? Explique o motivo.

9. Citar e explicar 2 (dois) indicadores de desempenho vinculados ao planejamento de manutenção.

CAPÍTULO 17

A PRÁTICA DO "BENCHMARKING"

*"Esta prática deve ser entendida como uma boa referência
estratégica de resultado."*

"**B**enchmarking" é um processo sistemático e contínuo para medir, avaliar e comparar as práticas da empresa em relação a empresas líderes de mercado (nacional ou internacional), com a finalidade de determinar o quanto pode ser melhorado dentro da própria organização.

DESENHO 34 – O BENCHMARKING.

É definido como a comparação de resultados com finalidade de determinar o quanto pode ser melhorado dentro do processo em questão.

"Benchmarking" pode ser definido como o processo de identificação, conhecimento e adaptação de práticas e processos excelentes de organização de qualquer lugar do mundo para ajudar uma organização a melhorar a sua performance.

O *"benchmarking"* pode ser realizado de vários modos. É possível realizar uma comparação entre os processos da própria empresa, chamado de *benchmarking* interno; comparar os processos das empresas que competem o mercado com a sua empresa, chamado de *benchmarking* competitivo; comparar funções entre instalações, por exemplo a manutenção entre empresas de mercados distintos, chamado de *benchmarking* funcional; e, por fim, comparar processos de outra organização reconhecida pelas inovações ou por uma especialidade específica, chamado de *benchmarking* genérico ou *benchmarking "best in class"*.

"Benchmark" é uma medida, uma referência, um nível de performance reconhecido como padrão de excelência para um processo de negócio específico. O *"benchmark"* pode ser descritivo (práticas) ou quantitativo (medidas).

O descritivo mostra as práticas e os métodos que fazem com que as saídas do processo satisfaçam o cliente, enquanto o quantitativo traz as medidas operacionais que resultam da aplicação das práticas, ou seja, uma conversão da prática para medidas operacionais.

As técnicas de *"benchmarking"* são utilizadas na atividade de determinação das metas a serem alcançadas, em curto, médio e longo prazo. São também utilizadas para apontar diferenças competitivas, chamando a atenção para as necessidades de mudanças ao mesmo tempo que um *"benchmark"* descritivo mostra o caminho para se realizar estas mudanças.

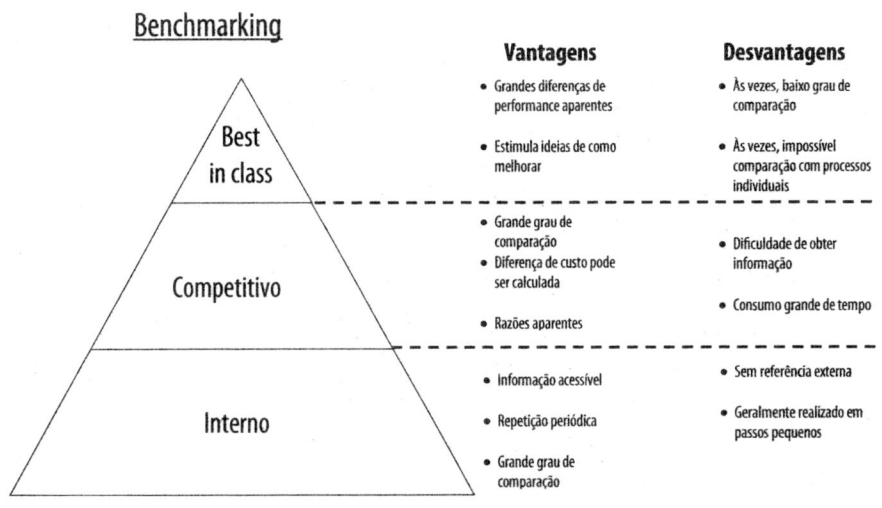

FIGURA 25: As Vantagens e Desvantagens do Benchmarking.

TABELA COMPARATIVA DOS INDICADORES DE DESEMPENHO DA MANUTENÇÃO

Está sendo apresentada a seguir uma planilha comparativa referente aos principais indicadores de manutenção calculados atualmente pelas empresas, através de uma apresentação pelo nível de evolução da manutenção, ou seja, para cada indicador, podem-se observar 5 (cinco) resultados diferentes representando:

Nível 1: Manutenção Reativa

Ambiente predominantemente reativo, no qual a grande maioria das intervenções da manutenção é realizada somente após a ocorrência de uma falha funcional, ou seja, caracterizando a prática de uma atividade de manutenção não planejada.

Nível 2: Manutenção Preventiva

Ambiente apresentando uma programação de manutenção sendo cumprida. Atividades de manutenção sendo realizadas após a identificação de necessidade devido a uma falha potencial, e também através do resultado das inspeções de rota, caracterizando uma prática de manutenção planejada.

Nível 3: Manutenção Preditiva

Ambiente apresentando técnicas de manutenção preditiva sendo utilizadas, tais como análise de vibração, termografia, análise de óleo, etc., e laudos técnicos como resultado das medições preditivas sendo utilizados e suas informações sendo tratadas corretamente e no tempo certo.

Nível 4: Confiabilidade

Ambiente predominantemente preventivo, no qual a grande maioria das intervenções é realizada antes da ocorrência de uma falha funcional, e ferramentas de confiabilidade são utilizadas regularmente no dia a dia da manutenção, tais como análise de falha, planos de manutenção centrados na confiabilidade, etc.

Nível 5: Classe Mundial (Benchmarking)

Ambiente de trabalho da manutenção garantindo o cumprimento das atividades programadas, com a aplicação de técnicas preditivas, ferramentas de confiabilidade, apresentando resultados, através dos indicadores de desempenho, dentro das referências como "Classe Mundial".

Indicadores de Desempenho escolhidos para serem comparados nos 5 (cinco) diferentes níveis de manutenção:

Indicadores Financeiros

a.1. Orçamento da manutenção / RAV (valor de reposição do ativo (%)

a.2. Giro de estoque (GIR)

a.3. Manutenção realizada pelo operador (%)

a.4. Horas extras (%)

a.5. Almoxarifado otimizado (%)

Indicadores de Processo

b.1. Manutenção proativa / reativa (%)

b.2. Horas efetivas trabalhadas

b.3. Backlog (semanas) (BCK)

b.4. Número de especialidades

b.5. Planejamento das ordens de serviço (%)

b.6. Análise de falhas (%)

Indicadores de Engenharia

c.1. OEE (eficácia global dos ativos) (%)

c.2. Disponibilidade física por manutenção (%) (DFM)

c.3. Estudos de engenharia de confiabilidade (RCM) (%)

c.4. Retrabalho (%)

c.5. Perda de produção pela manutenção (%)

Indicadores Financeiros

a.1. Custo Total da Manutenção / RAV (Valor de Reposição do Ativo (%):

É a relação direta entre o custo total da manutenção e o valor total de reposição dos ativos instalados. O custo total da manutenção deve considerar todos os custos, incluindo o custo com o pessoal próprio. O valor total de reposição pode ser obtido através do valor segurado.

a.2. Giro de Estoque (GIR):

É a quantidade de meses que todos os itens de almoxarifado cobrem a demanda existente. É a média dos últimos 12 meses. Este indicador é utilizado para avaliar o desempenho do almoxarifado, auxiliando na determinação de quantidade mínima e máxima de peças em estoque no almoxarifado.

a.3. Manutenção Realizada pelo Operador (%):

É a relação entre a quantidade de atividades de manutenção realizada pelos operadores (também conhecidos como operadores-mantenedores) e a quantidade total de atividades necessárias de manutenção, também conhecida como "Manutenção Autônoma".

a.4. Horas Extras (%):

É a quantidade de horas trabalhadas pelos colaboradores fora do horário de trabalho, comparada com o total de horas normais trabalhadas.

a.5. Almoxarifado Otimizado (%):

É a relação direta da quantidade de requisições de materiais totalmente atendidas pelo almoxarifado e a quantidade de requisições de materiais solicitadas ao almoxarifado. Este indicador mede a eficácia do almoxarifado no atendimento às necessidades da manutenção.

Indicadores de Processo

b.1. Manutenção Proativa / Reativa (%):

É a relação direta entre a quantidade de serviço planejado e programado realizado e a quantidade total de serviço realizado. Este indicador mede a eficácia da manutenção no cumprimento de atividades planejadas.

b.2. Horas Efetivas Trabalhadas (Produtividade da Manutenção) (Wrench Time):

É o tempo total no qual os colaboradores da manutenção estão realizando um serviço de manutenção diretamente nos ativos, seja na oficina (bancada) ou em campo. É o indicador que representa o resultado da utilização dos colaboradores da manutenção quando comparado com seu tempo total disponível na empresa. Este indicador mede a eficácia da área de planejamento da manutenção.

b.3. Backlog (semanas) (BCK):

É o total de dias necessários para o atendimento de todas as ordens de serviço aprovadas para serem realizadas, medido pela relação entre o total de horas necessárias para realizar todos os serviços planejados e pendentes (em carteira) e o total de horas previstas da equipe de manutenção para um dia de trabalho normal.

b.4. Número de Especialidades:

É o indicador que apresenta a estrutura organizacional da manutenção, ou seja, a quantidade de níveis hierárquicos desde o Gerente da Manutenção até a equipe de execução.

b.5. Planejamento das Ordens de Serviço (%):

É a relação entre a quantidade total de ordens de serviço realizadas e a quantidade total de ordens de serviço planejadas, em um período observado. Este indicador mede a eficiência da área de planejamento da manutenção.

b.6. Análise de Falhas (%):

É a relação entre a quantidade total de análises de falhas passíveis de estudos na busca da causa raiz e a quantidade total de análise de falhas realizadas em um período observado.

Indicadores de Engenharia:

c.1. OEE (Eficácia Global dos Ativos) (%):

Indica a evolução da produtividade dos ativos e apresenta uma informação imediata sobre a capacidade da linha como um todo, se for conhecida a capacidade bruta de produção das máquinas.

Além de também ser extremamente útil para a análise das operações que restringem a produção de toda a linha de fabricação (operações gargalo ou ativos considerados "Top 10"), este indicador é o resultado da multiplicação de 3 (três) indicadores: "Disponibilidade", "Velocidade (ritmo)" e "Qualidade".

c.2. Disponibilidade Física por Manutenção (%) (DFM):

É a relação entre a diferença do número total de horas de um período (horas calendário) e o número total de horas de manutenção (preventiva, corretiva, oportunidade e outras) com o número total de horas do período de trabalho considerado.

c.3. Estudos de Engenharia de Confiabilidade (RCM) (%):

É a relação direta entre o total de estudos de engenharia de confiabilidade realizados utilizando a técnica do RCM (Reliability Centred Maintenance) e o total de estudos de engenharia de confiabilidade necessários.

c.4. Retrabalho (%):

É a relação direta entre o total de homens-hora trabalhado em serviços que tiveram de ser refeitos num prazo menor que 3 (três) meses em relação ao serviço original, desde que a causa seja de total responsabilidade da área de manutenção, com o total de homens-hora trabalhado no mesmo período de trabalho considerado.

c.5. Perda de Produção pela Manutenção (%):

É a relação direta entre a quantidade de produto final rejeitado pela qualidade, motivado por práticas incorretas da manutenção, quando comparado com o total de produto final produzido.

Tabela comparativa dos indicadores de desempenho pelo nível de evolução da manutenção:

Tabela Comparativa dos Indicadores de Desempenho da Manutenção

Item	Indicadores de Desempenho	Nível de Evolução da Manutenção				
		1	2	3	4	5
	Avaliação da Manutenção	0 - 25%	25 - 50%	50 - 70%	70 - 85%	85 - 100%
	Financeiros	Consciente	Resultado	Competente	Referência	Classe Mundial
1	Custo Total da Manutenção/RAV (%)					
2	Giro de inventário					
3	Manutenção pelo operador (%)					
4	Horas-extras (%)					
5	Almoxarifado otimizado (%)					
	Processos					
6	MNT Proativa/Reativa (%)					
7	Horas efetivas trabalhadas					
8	Backlog (semanas)					
9	Número de especialidades					
10	Planejamento ordens serviço (%)					
11	Análise de falhas (%)					
	Engenharia					
12	OEE (%)					
13	Disponibilidade física (%)					
14	Estudos de engenharia RCM (%)					
15	Retrabalho (%)					
16	Perda produção-Mnt (%)					

Figura 26: Benchmarking de 16 Indicadores de Desempenho – Tabela Comparativa.

Tabela comparativa dos indicadores de desempenho pelo nível de manutenção "CONSCIENTE":

Tabela Comparativa dos Indicadores de Desempenho da Manutenção – Consciente

Item	Indicadores de Desempenho / Avaliação da Manutenção	Nível de Evolução da Manutenção				
		1 0 - 25% Consciente	2 25 - 50% Resultado	3 50 - 70% Competente	4 70 - 85% Referência	5 85 - 100% Classe Mundial
	Financeiros					
1	Custo Total da Manutenção/RAV (%)	6				
2	Giro de inventário	0,5				
3	Manutenção pelo operador (%)	0				
4	Horas-extras (%)	20				
5	Almoxarifado otimizado (%)	5				
	Processos					
6	MNT Proativa/Reativa (%)	0,5				
7	Horas efetivas trabalhadas	2,5				
8	Backlog (semanas)	7				
9	Número de especialidades	12				
10	Planejamento ordens serviço (%)	10				
11	Análise de falhas (%)	0				
	Engenharia					
12	OEE (%)	40				
13	Disponibilidade física (%)	60				
14	Estudos de engenharia RCM (%)	0				
15	Retrabalho (%)	40				
16	Perda produção-Mnt (%)	10				

Figura 27: Benchmarking de 16 Indicadores de Desempenho – Tabela Comparativa – Nível Consciente.

Tabela comparativa dos indicadores de desempenho pelo nível de manutenção "RESULTADO":

Tabela Comparativa dos Indicadores de Desempenho da Manutenção – Resultado

Item	Indicadores de Desempenho	Nível de Evolução da Manutenção				
		1	2	3	4	5
	Avaliação da Manutenção	0 - 25%	25 - 50%	50 -70%	70 - 85%	85 - 100%
		Consciente	Resultado	Competente	Referência	Classe Mundial
	Financeiros					
1	Custo Total da Manutenção/RAV (%)	6	4,5			
2	Giro de inventário	0,5	1			
3	Manutenção pelo operador (%)	0	10			
4	Horas-extras (%)	20	12			
5	Almoxarifado otimizado (%)	5	35			
	Processos					
6	MNT Proativa/Reativa (%)	0,5	25			
7	Horas efetivas trabalhadas	2,5	3			
8	Backlog (semanas)	7	6			
9	Número de especialidades	12	10			
10	Planejamento ordens serviço (%)	10	30			
11	Análise de falhas (%)	0	25			
	Engenharia					
12	OEE (%)	40	60			
13	Disponibilidade física (%)	60	75			
14	Estudos de engenharia RCM (%)	0	25			
15	Retrabalho (%)	40	30			
16	Perda produção-Mnt (%)	10	7			

FIGURA 28: BENCHMARKING DE 16 INDICADORES DE DESEMPENHO – TABELA COMPARATIVA – NÍVEL RESULTADO.

Tabela comparativa dos indicadores de desempenho pelo nível de manutenção "COMPETENTE".

Tabela Comparativa dos Indicadores de Desempenho da Manutenção – Competente

Item	Indicadores de Desempenho	Nível de Evolução da Manutenção				
		1	2	3	4	5
	Avaliação da Manutenção	0 - 25%	25 - 50%	50 - 70%	70 - 85%	85 - 100%
	Financeiros	Consciente	Resultado	Competente	Referência	Classe Mundial
1	Custo Total da Manutenção/RAV (%)	6	4,5	3,5		
2	Giro de inventário	0,5	1	2		
3	Manutenção pelo operador (%)	0	10	20		
4	Horas-extras (%)	20	12	10		
5	Almoxarifado otimizado (%)	5	35	50		
	Processos					
6	MNT Proativa/Reativa (%)	0,5	25	50		
7	Horas efetivas trabalhadas	2,5	3	3,5		
8	Backlog (semanas)	7	6	5		
9	Número de especialidades	12	10	5		
10	Planejamento ordens serviço (%)	10	30	55		
11	Análise de falhas (%)	0	25	50		
	Engenharia					
12	OEE (%)	40	60	70		
13	Disponibilidade física (%)	60	75	85		
14	Estudos de engenharia RCM (%)	0	25	55		
15	Retrabalho (%)	40	30	20		
16	Perda produção-Mnt (%)	10	7	5		

Tabela comparativa dos indicadores de desempenho pelo nível de manutenção "REFERÊNCIA":

Tabela Comparativa dos Indicadores de Desempenho da Manutenção – Referência

Item	Indicadores de Desempenho / Avaliação da Manutenção	Nível de Evolução da Manutenção				
		1 / 0 - 25% / Consciente	2 / 25 - 50% / Resultado	3 / 50 - 70% / Competente	4 / 70 - 85% / Referência	5 / 85 - 100% / Classe Mundial
	Financeiros					
1	Custo Total da Manutenção/RAV (%)	6	4,5	3,5	2,2	
2	Giro de inventário	0,5	1	2	3	
3	Manutenção pelo operador (%)	0	10	20	35	
4	Horas-extras (%)	20	12	10	8	
5	Almoxarifado otimizado (%)	5	35	50	75	
	Processos					
6	MNT Proativa/Reativa (%)	0,5	25	50	75	
7	Horas efetivas trabalhadas	2,5	3	3,5	4,5	
8	Backlog (semanas)	7	6	5	4	
9	Número de especialidades	12	10	5	3	
10	Planejamento ordens serviço (%)	10	30	55	80	
11	Análise de falhas (%)	0	25	50	80	
	Engenharia					
12	OEE (%)	40	60	70	80	
13	Disponibilidade física (%)	60	75	85	95	
14	Estudos de engenharia RCM (%)	0	25	55	80	
15	Retrabalho (%)	40	30	20	10	
16	Perda produção-Mnt (%)	10	7	5	1	

FIGURA 30: BENCHMARKING DE 16 INDICADORES DE DESEMPENHO – TABELA COMPARATIVA – NÍVEL REFERÊNCIA.

Tabela comparativa dos indicadores de desempenho pelo nível de manutenção "CLASSE MUNDIAL".

Tabela Comparativa dos Indicadores de Desempenho da Manutenção – Classe Mundial

Item	Indicadores de Desempenho	Nível de Evolução da Manutenção				
		1	2	3	4	5
	Avaliação da Manutenção	0 - 25%	25 - 50%	50 - 70%	70 - 85%	85 - 100%
	Financeiros	Consciente	Resultado	Competente	Referência	Classe Mundial
1	Custo Total da Manutenção/RAV (%)	6	4,5	3,5	2,2	1,8
2	Giro de inventário	0,5	1	2	3	4
3	Manutenção pelo operador (%)	0	10	20	35	50
4	Horas-extras (%)	20	12	10	8	5
5	Almoxarifado otimizado (%)	5	35	50	75	90
	Processos					
6	MNT Proativa/Reativa (%)	0,5	25	50	75	100
7	Horas efetivas trabalhadas	2,5	3	3,5	4,5	6
8	Backlog (semanas)	7	6	5	4	3
9	Número de especialidades	12	10	5	3	2
10	Planejamento ordens serviço (%)	10	30	55	80	95
11	Análise de falhas (%)	0	25	50	80	100
	Engenharia					
12	OEE (%)	40	60	70	80	95
13	Disponibilidade física (%)	60	75	85	95	99
14	Estudos de engenharia RCM (%)	0	25	55	80	100
15	Retrabalho (%)	40	30	20	10	5
16	Perda produção-Mnt (%)	10	7	5	1	<1

Figura 31: Benchmarking de 16 Indicadores de Desempenho – Tabela Comparativa – Nível Classe Mundial.

A prática do *"Benchmarking"* está em constante busca da evidência, demonstrando nível de entendimento e implementação de bons métodos em cada processo investigado.

Com a proposta de investigar o nível de entendimento em função do valor de cada processo de trabalho, é utilizada a figura a seguir, a qual orienta para a classificação da maneira como as melhores práticas estão sendo conduzidas na empresa.

Sistema de Valor dos Níveis das Melhores Práticas	
Nível de Entendimento	**Valor**
A) Pouco ou nenhum entendimento da melhor prática.	0. Nenhuma evidência, nenhum conhecimento.
	1. Existe uma consciência geral.
	2. Algum conhecimento detalhado da prática, mas não está em uso.
B) A melhor prática é entendida por todos. O propósito e os benefícios são visíveis.	3. Início da utilização da "ferramenta" ou a prática está no modo de aprendizado.
	4. Utilização da prática em uma área por pelo menos 6 meses.
	5. A prática é utilizada regularmente por todas as áreas.
	6. Utilização regular da prática. É documentado e visível.
C) A melhor prática é vital para a utilização diária. É sustentável independente da troca das lideranças. Está relacionada com as avaliações dos colaboradores.	7. Utilizada e suportada por todos os níveis na organização funcional.
	8. Aceitação multi funcional. Faz parte e é suportada pelo orçamento. É considerada uma força.
	9. A prática é vital para a organização e é um parâmetro chave nas avaliações.
	10. É um parâmetro chave do negócio. É utilizada e os resultados são divulgados via gráficos. Todos os níveis possuem sabedoria.

Figura 32: Benchmarking — Sistema de Valor dos Níveis das Melhores Práticas.

QUESTÕES RELACIONADAS A ESTE CAPÍTULO

1. Qual é a importância de conhecer o resultado de "Benchmarking" de um indicador de desempenho de manutenção?

2. Por que os valores apresentados de benchmarking não devem ser utilizados como meta para a empresa?

3. Qual a diferença do benchmarking interno com o benchmarking externo, e sua abrangência?

4. Citar um indicador apresentado como benchmarking, e comentar seu resultado.

5. Qual é a maior preocupação que se deve ter quando se compara um resultado de um processo com um valor de referência de benchmarking?

6. Qual é a maior dificuldade quando se atinge como resultado de um processo atual um valor de benchmarking?

CONCLUSÃO

"A governança na manutenção aplicada de uma maneira profissional promove a confiabilidade nos processos operacionais."

Conforme exposto anteriormente, fica evidente a necessidade de criarmos uma condição lógica, correta e sequenciada com definições bem claras e propósitos bem redigidos sobre este tema tão importante relacionado com as métricas da manutenção.

DESENHO 35 – CONCLUSÃO.

Entendemos finalmente que não basta determinarmos um indicador de referência e medirmos se não pudermos relacionar este indicador diretamente com uma prática de manutenção, tornando vivo em nossos processos e garantindo que através deste importante medidor possamos tomar ações reais de melhoria provenientes de oportunidades identificadas ao curso do processo, objetivando o atingimento de resultados melhores.

Deixando claro também que um indicador de desempenho nunca está sozinho, pois em um processo dinâmico como a manutenção sempre existirão outras variáveis que estarão se completando no sentido de que uma boa gestão poderá ser realizada no dia a dia. Quando quantificamos o resultado de um processo de trabalho, estamos facilitando nosso entendimento, criando uma linha de base atualizada, facilitando o compartilhamento da informação, posicionando o nosso resultado com relação a outros medidores da empresa, alimentando um gráfico de acompanhamento contínuo e a tendência do nosso processo, fazendo com que todos estes atributos anteriores exijam que tenhamos não somente a quantidade de fatores calculados, mas principalmente a qualidade da informação gerada, tendo em vista que ações deverão ser tomadas e não podemos comprometer o curso de uma ação através do resultado do cálculo de um medidor apresentando pouca qualidade.

Concluindo, está clara, portanto, a importância de termos medidores, ou seja, indicadores de desempenho na criação de posições periódicas com relação aos resultados dos nossos processos de trabalho, para que possamos caminhar e garantir um processo de melhoria contínua na busca constante de melhores resultados ao longo do nosso trabalho.

QUESTÕES RELACIONADAS A ESTE CAPÍTULO

1. Definir o impacto da governança para os colaboradores da manutenção.

2. O que pode ocorrer quando a priorização dos serviços não reflete a real necessidade da área.

3. Explicar como deve ser o fluxo de serviço quando ocorrer uma solicitação de serviço de manutenção com prioridade 1.

4. Explicar como deve ser o fluxo de serviço quando ocorrer uma solicitação de serviço de manutenção com prioridade 2.

5. Explicar como deve ser o fluxo de serviço quando ocorrer uma solicitação de serviço de manutenção com prioridade 3.

BACKLOG (BCK)

INDICADOR 1:	BACKLOG (BCK)
Definição:	Mede a capacidade de realização de serviço pela equipe de manutenção, por especialidade, considerando a quantidade de serviço aprovado, ou seja, planejado, programado, em execução ou pendente, quando comparado com a quantidade de homem-hora disponível da equipe analisada.
Finalidade:	Este indicador apresenta o **tempo de sobrevivência** da equipe de manutenção na empresa.
Fórmula de Cálculo:	

$$BCK = \frac{\text{Total HH OS (PL + PR + EX + PE)}}{\text{TOTAL HH Disponível (semana)}}$$

Meta: 4 semanas

Unidade:	semanas
Definição dos Parâmetros (unidade):	
Total HH OS = Somatória do HH das OSPL + OSPR + OSEX + OSPE (Horas)	
Total HH Disponível = HH Total (CLT) x Fator de Produtividade (Horas)	
Benchmark:	3 semanas
Periodicidade:	Mensal
Coleta de Dados:	Os parâmetros desta fórmula são obtidos através das informações provenientes das Ordens de Serviços abertas no sistema informatizado de gestão.
Exemplo Prático:	Para o período analisado, o cenário das Ordens de Serviços no sistema informatizado apresenta para as OSPL: **3.200** HH, para as OSPR: **4.000** HH, para as OSEX: **1.300** HH e para as OSPE: **1.100** HH, e para esta oficina analisada o total de HH Disponível, por semana, é de **2.500** HH, portanto:

$$BCK = \frac{3.200 + 4.000 + 1.300 + 1.100}{2.500} = 3,8$$

Desta maneira, temos o resultado do **BCK** para este cenário de **3,8** semanas.

KPI's Relacionados:	Eficiência de Planejamento de Rotina (EPR) / Tempo Médio entre Falhas (MTBF) / Execução de Manutenção Preventiva (EMP) / Confiabilidade Física por Manutenção (CFM) / Tempo Médio para Reparos (MTTR) / Eficiência de Custo de Manutenção (ECM).
Processos Relacionados:	Gatekeeper, Planejamento, Programação, Supervisão, Almoxarifado, Suprimentos, Engenharia de Manutenção e Gestão de Manutenção.

NÚMERO DE QUEBRAS (NQB)

INDICADOR 2:	NÚMERO DE QUEBRAS (NQB)
Definição:	Mede a relação entre a quantidade total de ordens de serviço do tipo não planejada (corretivo) realizadas no período, com a quantidade total de ordens de serviço geradas no mesmo período analisado.
Finalidade:	Este indicador apresenta quanto **reativo** está o ambiente da empresa.
Fórmula de Cálculo:	

$$NQB = \frac{\#\ OS\ não\ Planejadas}{\#\ Total\ de\ OS} \times 100\ (\%)$$

Meta: $<20\%$

Unidade:	% (porcentagem)
Definição dos Parâmetros (unidade):	
#OS não Planejada = Total de OS realizada sem planejamento das atividades.	
# Total OS = Quantidade total de OS realizada no mesmo período analisado.	
Benchmark:	$<10\%$
Periodicidade:	Mensal
Coleta de Dados:	Os parâmetros desta fórmula são obtidos através do controle dos serviços realizados através das Ordens de Serviço, estratificadas por tipo de atividade, no mesmo período analisado.
Exemplo Prático:	No mês de janeiro de 2016, foi identificada a realização total de **250 Ordens** de Serviço no Departamento de Manutenção. Neste mesmo mês, foi computado o total de **35 Ordens** de Serviço pertencentes à modalidade de Serviços não Planejados, portanto:

$$NQB = \frac{35}{250} \times 100 = 14,0\%$$

Desta maneira, temos o resultado da **NQB** de **14,0%**.

KPI's Relacionados:	Backlog (BCK) / Serviços Planejados (SPL) / Disponibilidade Física por Manutenção (DFM) / Tempo Médio entre Falhas (MTBF) / Confiabilidade Física por Manutenção (CFM) / Serviço Reprogramado (SRP) / Ordem de Serviço Concluída (OSC) / Tempo Médio para Reparos (MTTR) / Eficiência de Custo de Manutenção (ECM).
Processos Relacionados:	Gatekeeper, Planejamento, Programação, Supervisão, Almoxarifado, Suprimentos, Engenharia de Manutenção e Gestão de Manutenção.

SERVIÇO PLANEJADO (SPL)

INDICADOR 3:	SERVIÇO PLANEJADO (SPL)
Definição:	Mede a relação entre a quantidade total de ordens de serviço do tipo planejada e a quantidade total de ordens de serviço geradas no período analisado.
Finalidade:	Este indicador apresenta quanto **preventivo** está o ambiente da empresa.
Fórmula de Cálculo:	
$$SLP = \frac{\#\,OS\,Planejadas}{\#\,Total\,de\,OS} \times 100\,(\%)$$ Meta: >80%	
Unidade:	% (porcentagem)
Definição dos Parâmetros (unidade):	
#OS Planejada = Total de OS realizada com planejamento das atividades.	
# Total OS = Quantidade total de OS realizada no mesmo período analisado.	
Benchmark:	>90%
Periodicidade:	Mensal
Coleta de Dados:	Os parâmetros desta fórmula são obtidos através do controle dos serviços realizados através das Ordens de Serviço, estratificadas por tipo de atividade, no mesmo período analisado.
Exemplo Prático:	No mês de janeiro de 2016, foi identificada a realização total de **250 Ordens** de Serviço no Departamento de Manutenção. Neste mesmo mês, foi computado o total de **215 Ordens** de Serviço pertencentes à modalidade de Serviços Planejados, portanto:
$$SLP = \frac{215}{250} \times 100 = 86,0\%$$ Desta maneira, temos o resultado da **SPL** de **86,0%**.	
KPI's Relacionados:	Número de Quebras (NQB) / Backlog (BCK) / Eficiência do Planejamento de Rotina (EPR) / Disponibilidade Física por Manutenção (DFM) / Tempo Médio entre Falhas (MTBF) / Confiabilidade Física por Manutenção (CFM) / Ordem de Serviço Concluída (OSC).
Processos Relacionados:	Gatekeeper, Planejamento, Programação, Supervisão, Almoxarifado, Suprimentos e Engenharia de Manutenção.

EFICIÊNCIA DE PLANEJAMENTO DE ROTINA (EPR)

INDICADOR 4:	EFICIÊNCIA DE PLANEJAMENTO DE ROTINA (EPR)
Definição:	Mede a relação entre a quantidade total de horas reais registradas nas ordens de serviço geradas no período analisado e a quantidade total de horas previstas de trabalho informadas ordens de serviço do tipo planejadas.
Finalidade:	Este indicador apresenta quanto assertiva está a área de planejamento da manutenção.
Fórmula de Cálculo:	$EPR = \dfrac{\text{Horas Reais}}{\text{Horas Previstas}} \times 100(0\%)$ Meta: 85 - 115%
Unidade:	% (porcentagem)
Definição dos Parâmetros (unidade):	
Horas Reais = Tempo Real Trabalhado no período (horas) **Horas Previstas** = Tempo Total Programado no mesmo período (horas)	
Benchmark:	>95%
Periodicidade:	Mensal
Coleta de Dados:	Os parâmetros desta fórmula são obtidos através do tempo de programação informado pelas ordens de serviço e dos tempos reais das manutenções realizadas no mesmo período, registrados nas ordens de serviço.
Exemplo Prático:	Para um grupo de atividades, foi informado pela área de programação que o tempo total programado no período analisado é de **400 horas**, e somando todos os tempos das atividades de manutenção realizadas para as mesmas atividades, no mesmo período, temos **385 horas**, portanto: $EPR = \dfrac{385}{400} \times 100 = 96,30\%$ Desta maneira, temos o resultado da **EPR** de **96,3%**.
KPI's Relacionados:	Disponibilidade Física por Manutenção (DFM) / Execução de Manutenção Preventiva (EMP) / Produtividade Pessoal (PPE) / Horas Utilizadas (HUT) / Eficiência dos Custos de Manutenção (ECM) / Custo Total de Manutenção (CTM).
Processos Relacionados:	Gatekeeper, Planejamento, Programação, Supervisão, Almoxarifado, Suprimentos e Engenharia de Manutenção.

EFICIÊNCIA DE PLANEJAMENTO DE PARADA (EPP)

INDICADOR 5:	EFICIÊNCIA DE PLANEJAMENTO DE PARADA (EPP)
Definição:	Mede a relação entre a quantidade total de horas reais registradas nas ordens de serviço de parada, geradas no período analisado, e a quantidade total de horas previstas de trabalho informadas nas ordens de serviço de parada, do tipo planejadas, para todos os serviços das paradas de manutenção.
Finalidade:	Este indicador apresenta quanto **assertiva** está a área de planejamento da manutenção, para o atendimento aos serviços das paradas programadas.
Fórmula de Cálculo:	
$$EPP = \frac{\text{Horas Reais}}{\text{Horas Previstas}} \times 100(0\%)$$ Meta: 85 - 115%	
Unidade:	% (porcentagem)
Definição dos Parâmetros (unidade):	
Horas Reais = Tempo Real Trabalhado no período (horas) **Horas Previstas** = Tempo Total Programado no mesmo período (horas)	
Benchmark:	>95%
Periodicidade:	Mensal
Coleta de Dados:	Os parâmetros desta fórmula são obtidos através do tempo de programação informado pelas ordens de serviço de parada e dos tempos reais das manutenções realizadas no mesmo período, registrados nas ordens de serviço das paradas de manutenção.
Exemplo Prático:	Para um grupo de atividades, foi informado pela área de programação que o tempo total programado de serviços em uma parada no período analisado é de **2.000 horas**, e somando todos os tempos das atividades de manutenção realizadas para as mesmas atividades da parada, no mesmo período, temos **1.900 horas**, portanto: $$EPP = \frac{1.900}{2.000} \times 100 = 95,0(\%)$$ Desta maneira, temos o resultado da **EPP** de **95,0%**.
KPI's Relacionados:	Execução de Manutenção Preventiva (EMP) / Produtividade Pessoal (PPE) / Horas Utilizadas (HUT) / Eficiência dos Custos de Manutenção (ECM) / Custo Total de Manutenção (CTM).
Processos Relacionados:	Gatekeeper, Planejamento, Programação, Supervisão, Almoxarifado, Suprimentos e Engenharia de Manutenção.

DISPONIBILIDADE FÍSICA POR MANUTENÇÃO (DFM)

INDICADOR 6:	DISPONIBILIDADE FÍSICA POR MANUTENÇÃO (DFM)
Definição:	Mede a relação entre o tempo total de horas em que o ativo analisado está liberado pela manutenção, quando comparado com o tempo total útil de programação no período.
Finalidade:	Este indicador apresenta quanto o equipamento está **disponível por parte da manutenção** para que a equipe de programação possa atender às necessidades da empresa.
Fórmula de Cálculo:	$$DFM = \frac{TUPP - TTM}{TUPP} \times 100(0\%)$$ Meta: >95%
Unidade:	% (porcentagem)
Definição dos Parâmetros (unidade):	
TUPP = Tempo Útil de Programação no período (horas).	
TTM = Tempo Total de Manutenção (manutenção corretiva não planejada, preventiva por condição, preventiva sistemática e inspeção técnica) (horas).	
Benchmark:	>98%
Periodicidade:	Mensal
Coleta de Dados:	Os parâmetros desta fórmula são obtidos através do tempo de programação informado pela área operacional no período analisado e dos tempos totais das manutenções realizadas no mesmo ativo, no mesmo período analisado.
Exemplo Prático:	Para um ativo físico, foi informado pela área de programação que o tempo útil de programação no período analisado é de **744 horas**, e somando todos os tempos das atividades de manutenção realizadas neste ativo físico, no mesmo período, temos **20 horas**, portanto: $$DFM = \frac{744 - 20}{744} \times 100 = 97,3\%$$ Desta maneira, temos o resultado da **DFM** para este ativo físico de **97,3%**.
KPI's Relacionados:	Número de Quebras (NBQ) / Serviços Planejados (SPL) / Eficiência do Planejamento da Rotina (EPR) / Tempo Médio entre Falhas (MTBF) / Confiabilidade Física por Manutenção (CFM) / Ordem de Serviço Concluída (OSC).
Processos Relacionados:	Gatekeeper, Planejamento, Programação, Supervisão, Almoxarifado, Suprimentos e Engenharia de Manutenção.

EFICÁCIA DO ALMOXARIFADO (EAL)

INDICADOR 7:	EFICÁCIA DO ALMOXARIFADO (EAL)
Definição:	Mede a relação entre a quantidade de materiais entregues pelo almoxarifado no período analisado e a quantidade de materiais solicitados ao almoxarifado.
Finalidade:	Este indicador apresenta o impacto direto dos materiais armazenados na produtividade dos serviços a serem realizados pelas equipes de manutenção.
Fórmula de Cálculo:	
$EAL = \dfrac{\text{Total RM's Atendidas}}{\text{Total RM's Geradas}} \times 100(0\%)$ Meta: >95%	
Unidade:	% (porcentagem)
Definição dos Parâmetros (unidade):	
Total RM's Atendidas = Total de Requisições de Materiais atendidas pelo almoxarifado.	
Total RM's Geradas = Total de Requisições de Materiais geradas pela manutenção com as necessidades de materiais armazenados.	
Benchmark:	>98%
Periodicidade:	Mensal
Coleta de Dados:	Os parâmetros desta fórmula são obtidos através do fluxo de solicitações de materiais no almoxarifado com o controle das requisições de materiais emitidas pelas equipes de manutenção, e o atendimento, no mesmo momento, pelo almoxarifado de materiais, no mesmo período.
Exemplo Prático:	Para um período de 30 dias de controle, foi emitido pelas equipes de manutenção um total de **150** requisições de materiais no almoxarifado, neste mesmo período, foram atendidas **145** requisições, portanto: $$EAL = \frac{145}{150} \times 100 = 96,7\%$$ Desta maneira, temos o resultado da **EAL** de **96,7%**.
KPI's Relacionados:	Giro de Estoque (GIR) / Execução de Manutenção Preventiva (EMP) / Produtividade Pessoal (PPE) / Carga de Serviço Programado (CSP) / Serviço Reprogramado (SRP) / Ordem de Serviço Cumprida (OSC) / Horas Utilizadas (HUT) / Tempo Médio para Reparos (MTTR) / Eficácia Global do Ativo Físico (OEE) / Eficácia Total do Desempenho do Ativo Físico (UEE).
Processos Relacionados:	Gatekeeper, Planejamento, Programação, Supervisão, Almoxarifado, Suprimentos e Engenharia de Manutenção.

EFICÁCIA DAS REQUISIÇÕES DE COMPRAS (ERC)

INDICADOR 8:	EFICÁCIA DAS REQUISIÇÕES DE COMPRAS (ERC)
Definição:	Mede a relação entre a quantidade de materiais entregues pelo setor de compras no período analisado e a quantidade de materiais solicitados pela manutenção ao setor de compras.
Finalidade:	Este indicador apresenta o impacto direto dos materiais adquiridos em débito direto na produtividade dos serviços a serem realizados pelas equipes de manutenção.

Fórmula de Cálculo:

$$ERC = \frac{\text{Total RIC's Atendidas}}{\text{Total RIC's Geradas}} \times 100(0\%)$$

Meta: >95%

Unidade:	% (porcentagem)

Definição dos Parâmetros (unidade):

Total RIC's Atendidas = Total de Requisições Internas de Compras atendidas no prazo.

Total RIC's Geradas = Total de Requisições Internas de Compras geradas pela manutenção com as necessidades de materiais a serem adquiridos.

Benchmark:	>98%
Periodicidade:	Mensal
Coleta de Dados:	Os parâmetros desta fórmula são obtidos através do fluxo de requisições internas de compras de materiais atendidas pelo setor de compras no prazo informado, com o controle das requisições internas de compras de materiais emitidas pelas equipes de manutenção, no mesmo período.
Exemplo Prático:	Para um período de 30 dias de controle, foi emitido pelas equipes de manutenção um total de **80** requisições internas de compras de materiais, ao setor de compras, neste mesmo período, foram atendidas **78** requisições, portanto: $$ERC = \frac{78}{80} \times 100 = 97,5(\%)$$ Desta maneira, temos o resultado da **ERC** de **97,5%**.
KPI's Relacionados:	Giro de Estoque (GIR) / Execução de Manutenção Preventiva (EMP) / Produtividade Pessoal (PPE) / Tempo Médio entre Falhas (MTBF) / Confiabilidade Física por Manutenção (CFM) / Ordem de Serviço Cumprida (OSC) / Horas Utilizadas (HUT) / Tempo Médio para Reparos (MTTR) / Eficácia Global do Ativo Físico (OEE) / Eficácia Total do Desempenho do Ativo Físico (UEE).
Processos Relacionados:	Gatekeeper, Planejamento, Programação, Supervisão, Almoxarifado, Suprimentos e Engenharia de Manutenção.

GIRO DE ESTOQUE (GIR)

INDICADOR 9:	GIRO DE ESTOQUE (GIR)
Definição:	É um indicador que revela a velocidade com que o inventário de materiais no almoxarifado é renovado em um determinado período, normalmente em um período de 12 meses.
Finalidade:	Este indicador apresenta o quanto o almoxarifado está confiável, contribuindo diretamente com a produtividade dos processos ao melhor custo total produtivo.
Fórmula de Cálculo:	$$GIR = \dfrac{\text{Total Total Retirado}}{\text{Valor Total Armazenado}}$$ Meta: 2 vezes ao ano
Unidade:	
Definição dos Parâmetros (unidade):	
Valor Total Retirado = Valor Total de Materiais Retirados no período de 12 meses.	
Valor Total Armazenado = Valor Total dos Materiais Armazenados no almoxarifado no mesmo período.	
Benchmark:	4 vezes ao ano
Periodicidade:	Anual
Coleta de Dados:	Os parâmetros desta fórmula são obtidos através do fluxo de requisições de materiais retirados do almoxarifado, em um período de 12 meses, contabilizando o valor total retirado para este período, e o valor total dos materiais armazenados no mesmo período analisado.
Exemplo Prático:	Para um período de 12 meses de controle, foi observada a retirada de R$ 600.000,00 de materiais para a manutenção, e o valor total dos materiais armazenados neste mesmo período é de R$ 500.000,00, portanto: $$GIR = \dfrac{600.000,00}{500.000,00} = 1,2$$ Desta maneira, temos o resultado do **GIR** de **1,2**. (O almoxarifado está girando apenas 1,2 vezes ao ano).
KPI's Relacionados:	Número de Quebras (NQB) / Serviços Planejados (SPL) / Eficácia do Almoxarifado (EAL) / Eficácia das Requisições de Compras (ERC) / Tempo Médio entre Falhas (MTBF) / Execução de Manutenção Preventiva (EMP) / Serviço Reprogramado (SRP).
Processos Relacionados:	Planejamento, Programação, Supervisão, Almoxarifado, Suprimentos, Engenharia de Manutenção e Gestão de Manutenção.

TEMPO MÉDIO ENTRE FALHAS (MTBF)

INDICADOR 10:	TEMPO MÉDIO ENTRE FALHAS (MTBF)
Definição:	Mede a relação entre a quantidade total de horas programadas com a quantidade total de horas de falhas e o número total de falhas, no período analisado.
Finalidade:	Este indicador apresenta quanto o ativo físico está confiável para operar sem a ocorrência de nenhuma falha funcional (parada não planejada) durante o período que está programado para produzir.
Fórmula de Cálculo:	
	$$MTBF = \frac{(n^o\ Horas\ Programadas - \Sigma\ n^o\ Horas\ de\ Falhas)}{n^o\ de\ Falhas}\ (horas)$$
Unidade:	horas
Definição dos Parâmetros (unidade):	
n° Horas Programadas = Quantidade Total de Horas para os serviços programados.	
n° Horas de Falhas = Quantidade Total de Horas das Falhas Funcionais ocorridas no período.	
n° de Falhas = Quantidade Total de Falhas Funcionais ocorridas no período analisado.	
Benchmark:	
Periodicidade:	Mensal
Coleta de Dados:	Os parâmetros desta fórmula são obtidos pelo controle dos serviços realizados através das Ordens de Serviço, estratificados pelas horas registradas, no mesmo período analisado.
Exemplo Prático:	Para o ativo físico ABC, durante o mês de janeiro de 2016, foram programadas **650** horas de produção, e este mesmo ativo apresentou uma quantidade total de horas de falhas funcionais de **12** horas, contemplando um total de **6** paradas não planejadas, portanto:
	$$MTBF = \frac{(600 - 12)}{6} = 98\ horas$$ Desta maneira, temos o resultado do **MTBF** de **98 horas**
KPI's Relacionados:	Número de Quebras (NQB) / Serviços Planejados (SPL) / Disponibilidade Física por Manutenção (DFM) / Eficiência Requisições Compras (ERC) / Giro de Estoque (GIR) / Produtividade Pessoal (PPE) / Confiabilidade Física por Manutenção (CFM) / Ordem de Serviço Cumprida (OSC) / Horas Utilizadas (HUT) / Tempo Médio para Reparos (MTTR) / Eficiência de Custo de Manutenção (ECM) / Custo Total de Manutenção (CTM) / Eficácia Global do Ativo Físico (OEE) / Eficácia Total do Desempenho do Ativo Físico (UEE).
Processos Relacionados:	Planejamento, Programação, Supervisão, Almoxarifado, Suprimentos, Engenharia de Manutenção e Gestão de Manutenção.

EXECUÇÃO DE MANUTENÇÃO PREVENTIVA (EMP)

INDICADOR 11:	EXECUÇÃO DE MANUTENÇÃO PREVENTIVA (EMP)
Definição:	Mede a relação entre a quantidade total de ordens de serviço das preventivas sistemáticas realizadas no tempo conforme programado e a quantidade total de ordens de serviço realizadas no período analisado.
Finalidade:	Este indicador apresenta quanto **w** está o cumprimento das ordens de serviços preventivas sistemáticas programadas.
Fórmula de Cálculo:	$$EMP = \frac{TOSPSP}{TOSPS} \times 100(\%)$$ Meta: 100%
Unidade:	% (porcentagem)
Definição dos Parâmetros (unidade):	
TOSPSP = Quantidade Total de OS Preventiva Sistemática realizada no Prazo	
TOSPS = Quantidade Total de OS Preventiva Sistemática	
Benchmark:	100%
Periodicidade:	Mensal
Coleta de Dados:	Os parâmetros desta fórmula são obtidos pelo controle dos serviços realizados através das Ordens de Serviço, estratificadas por tipo de atividade, no mesmo período analisado.
Exemplo Prático:	No mês de janeiro de 2016, foi identificada a realização total de **150 Ordens** de Serviço do tipo Preventiva Sistemática no Departamento de Manutenção. Neste mesmo mês, foi computado o total de **145 Ordens** de Serviço cumpridas no prazo conforme programadas, portanto: $$EMP = \frac{145}{150} \times 100 = 96,7\%$$ Desta maneira, temos o resultado da **EMP** de **96,7%**.
KPI's Relacionados:	Eficiência do Planejamento da Rotina (EPR) / Carga de Serviço Programado (CSP) / Serviço Reprogramado (SRP) / Horas Utilizadas (HUT) / Eficiência de Custo de Manutenção (ECM) / Custo Total de Manutenção (CTM) / Eficácia do Almoxarifado (EAL) / Eficiência das Requisições de Compra (ERC).
Processos Relacionados:	Planejamento, Programação, Supervisão, Almoxarifado, Suprimentos, Engenharia de Manutenção e Gestão de Manutenção.

PRODUTIVIDADE PESSOAL (PPE)

INDICADOR 12:	PRODUTIVIDADE PESSOAL (PPE)
Definição:	Mede a relação entre o tempo total em que as equipes de campo estão realizando suas atividades técnicas nos ativos físicos (chave na mão) e o tempo total contratado (calendário CLT) destas mesmas equipes de campo, no período analisado.
Finalidade:	Este indicador apresenta quanto assertivo está o planejamento e a programação dos serviços programados.
Fórmula de Cálculo:	
$PPE = \dfrac{\text{Tempo Total em Execução}}{\text{Tempo Total Contratado}} \times 100(\%)$ Meta: 60%	
Unidade:	% (porcentagem)
Definição dos Parâmetros (unidade):	
Tempo Total Execução = Total de Tempo das equipes de manutenção realizando serviço nos ativos físicos.	
Tempo Total Contratado = Total de Tempo contratado das equipes de manutenção (CLT).	
Benchmark:	70%
Periodicidade:	Mensal
Coleta de Dados:	Os parâmetros desta fórmula são obtidos pelo controle dos serviços realizados através das Ordens de Serviço, estratificadas por tipo de atividade, no mesmo período analisado.
Exemplo Prático:	No mês de março de 2016, foi identificado um total de **2.500** homens-hora de serviços realizados diretamente nos ativos físicos, para um total de **4.000** homens-hora contratados (CLT) das equipes de manutenção, portanto: $PPE = \dfrac{2.500}{4.000} \times 100 = 62,5(\%)$ Desta maneira, temos o resultado da **PPE** de **62,5%**.
KPI's Relacionados:	Backlog (BCK) / Número de Quebras (NQB) / Serviços Planejados (SPL) / Eficiência de Planejamento de Rotina (EPR) / Eficiência de Planejamento de Parada (EPP) / Eficácia do Almoxarifado (EAL) / Eficiência Requisições Compras (ERC) / Tempo Médio entre Falhas (MTBF) / Execução de Manutenção Preventiva (EMP) / Carga de Serviço Programado (CSP) / Tempo Médio para Reparos (MTTR).
Processos Relacionados:	Planejamento, Programação, Supervisão, Almoxarifado, Suprimentos, Engenharia de Manutenção e Gestão de Manutenção.

ANEXO 13
CONFIABILIDADE FÍSICA POR MANUTENÇÃO (CFM)

INDICADOR 13:	CONFIABILIDADE FÍSICA POR MANUTENÇÃO (CFM)
Definição:	Mede a relação entre o tempo (em horas) da ocorrência do último registro de falha para o ativo analisado e o indicador de MTBF (Tempo Médio entre Falhas) para este mesmo ativo, no momento do cálculo.
Finalidade:	Este indicador apresenta quanto o equipamento está confiável por parte da manutenção para atender às necessidades produtivas da empresa.

Fórmula de Cálculo:

$$CFP = EXP\left(\frac{\text{Tempo da última Falha (h)}}{\text{MTBF}}\right) \times 100(\%)$$

Meta: >95%

Unidade:	% (porcentagem)

Definição dos Parâmetros (unidade):

EXP = Exponencial.

Tempo da última Falha = Tempo da ocorrência da última falha funcional até o momento do cálculo deste indicador.

MTBF = Indicador do Tempo Médio entre Falhas para o mesmo período analisado.

Benchmark:	>98%
Periodicidade:	Mensal
Coleta de Dados:	Os parâmetros desta fórmula são obtidos pelo controle dos serviços realizados através das Ordens de Serviço, estratificados pelas horas registradas, no mesmo período analisado.
Exemplo Prático:	Para o ativo físico ABC, durante o mês de abril de 2016, foram registrados um tempo de operação desde a última falha de **500** horas e um indicador de MTBF atual de **106** dias, portanto: $$CFM = EXP\left(\frac{500}{106 \times 24}\right) \times 100 = 82,2(\%)$$ Desta maneira, temos o resultado do **CFM** de **82,2%.**
KPI's Relacionados:	Número de Quebras (NQB) / Serviços Planejados (SPL) / Disponibilidade Física por Manutenção (DFM) / Eficiência Requisições Compras (ERC) / Tempo Médio entre Falhas (MTBF) / Ordem de Serviço Cumprida (OSC) / Horas Utilizadas (HUT) / Tempo Médio para Reparos (MTTR) / Eficiência de Custo de Manutenção (ECM) / Custo Total de Manutenção (CTM) / Eficácia Global do Ativo Físico (OEE) / Eficácia Total do Desempenho do Ativo Físico (UEE).
Processos Relacionados:	Planejamento, Programação, Supervisão, Almoxarifado, Suprimentos, Engenharia de Manutenção e Gestão de Manutenção.

CARGA DE SERVIÇO PROGRAMADO (CSP)

INDICADOR 14:	CARGA DE SERVIÇO PROGRAMADO (CSP)
Definição:	Mede a relação entre a quantidade total de homem-hora (HH) programado e a quantidade total de homem-hora disponível (HHD), com um horizonte semanal, considerando a projeção de programação para as 3 semanas seguintes.
Finalidade:	Este indicador apresenta quanto as equipes de manutenção possuem uma programação de serviço, em que esteja proporcional a 100% do homem-hora disponível (HHD), por especialidade.
Fórmula de Cálculo:	

$$CSP = \frac{\text{Total de HH Programado na semana}}{\text{Total de HHD}} \times 100(\%)$$

Meta Semana 1: 90%
Meta Semana 2: 50%
Meta Semana 3: 30%

Unidade:	% (porcentagem)
Definição dos Parâmetros (unidade):	
Total HH Programado = Quantidade Total de Homem-Hora programado na semana.	
Total HHD = Quantidade Total de Homem-Hora Disponível das equipes de manutenção.	
Benchmark:	Semana 1: 100% // Semana 2: 60% // Semana 3: 40%
Periodicidade:	Semanal
Coleta de Dados:	Os parâmetros desta fórmula são obtidos pelo controle dos serviços realizados através das Ordens de Serviço, estratificados pelas horas programadas, no mesmo período analisado.
Exemplo Prático:	Para a equipe de Mecânica, durante a Semana "0", foi determinada uma programação de **850** homens-hora para a Semana "1", e esta mesma equipe de Mecânica apresenta uma quantidade total de homem-hora para esta mesma Semana "1" de **1.000** HH, portanto:

$$CSP = \frac{850}{1.000} \times 100 = 85,0(\%)$$

Desta maneira, temos o resultado da **CSP** para a Semana 1 é de **85,0%**.

KPI's Relacionados:	Eficácia do Almoxarifado (EAL) / Execução de Manutenção Preventiva (EMP) / Produtividade Pessoal (PPE) / Serviço Reprogramado (SRP) / Tempo Médio para Reparos (MTTR) / Eficácia Global do Ativo Físico (OEE) / Eficácia Total do Desempenho do Ativo Físico (UEE).
Processos Relacionados:	Planejamento, Programação, Supervisão, Almoxarifado, Suprimentos, Engenharia de Manutenção e Gestão de Manutenção.

SERVIÇO REPROGRAMADO (SRP)

INDICADOR 15:	SERVIÇO REPROGRAMADO (SRP)
Definição:	Mede a relação entre a quantidade total de ordens de serviço (OS) reprogramadas e a quantidade total de ordens de serviço programadas.
Finalidade:	Este indicador apresenta quanto o planejamento e a programação estão cumprindo suas funções e também o quanto o ambiente da empresa está reativo.
Fórmula de Cálculo:	$$SRP = \frac{Total\ OS\ Reprogramada}{Total\ OS} \times 100(\%)$$ Meta: $< 10\%$
Unidade:	% (porcentagem)
Definição dos Parâmetros (unidade):	
Total OS Reprogramada = Quantidade Total de Ordens de Serviços Reprogramadas.	
Total OS = Quantidade Total de Ordens de Serviços no período analisado.	
Benchmark:	$< 5\%$
Periodicidade:	Mensal
Coleta de Dados:	Os parâmetros desta fórmula são obtidos através do controle das Ordens de Serviço, no mesmo período analisado.
Exemplo Prático:	Durante o mês de maio de 2016, foram programadas **200** Ordens de Serviços para serem realizadas, e deste total foram identificadas **15** Ordens de Serviços com o Status de Reprogramada, portanto: $$SRP = \frac{15}{200} \times 100 = 7,5(\%)$$ Desta maneira, temos o resultado do **SRP** de **7,5%**
KPI's Relacionados:	Backlog (BCK) / Número de Quebras (NQB) / Eficácia do Almoxarifado (EAL) / Giro de Estoque (GIR) / Execução de Manutenção Preventiva (EMP) / Carga de Serviço Programado (CSP) / Horas Utilizadas (HUT) / Tempo Médio para Reparos (MTTR).
Processos Relacionados:	Planejamento, Programação, Supervisão, Almoxarifado, Suprimentos, Engenharia de Manutenção e Gestão de Manutenção.

ORDEM DE SERVIÇO CONCLUÍDA (OSC)

INDICADOR 16:	ORDENS DE SERVIÇO CONCLUÍDAS (OSC)
Definição:	Mede a relação entre a quantidade total de ordens de serviço realizadas e concluídas e a quantidade total de ordens de serviço programadas e liberadas para execução, no período analisado.
Finalidade:	Este indicador apresenta a capacidade de **cumprimento** das ordens de serviço pelas oficinas de manutenção, no atendimento às necessidades da empresa.
Fórmula de Cálculo:	
$OSC = \dfrac{TOSPC}{TOSP} \times 100(\%)$ Meta: >90%	
Unidade:	% (porcentagem)
Definição dos Parâmetros (unidade):	
TOSPC = Quantidade Total de OS Programada Concluída	
TOSP = Quantidade Total de OS Programada	
Benchmark:	>95%
Periodicidade:	Mensal
Coleta de Dados:	Os parâmetros desta fórmula são obtidos pelo controle dos serviços realizados através das Ordens de Serviço, estratificadas por tipo de atividade, no mesmo período analisado.
Exemplo Prático:	No mês de janeiro de 2016, foi identificada a programação total de **215 Ordens** de Serviço no Departamento de Manutenção. Neste mesmo mês, foi computado o total de **200 Ordens** de Serviço concluídas, portanto: $OSC = \dfrac{200}{215} \times 100 = 93,0(\%)$ Desta maneira, temos o resultado da **OSC** de **93,0%**.
KPI's Relacionados:	Número de Quebras (NBQ) / Backlog (BCK) / Serviços Planejados (SPL) / Disponibilidade Física por Manutenção (DFM) / Tempo Médio entre Falhas (MTBF) / Confiabilidade Física por Manutenção (CFM) / Eficácia do Almoxarifado (EAL) / Eficiência das Requisições de Compra (ERC).
Processos Relacionados:	Gatekeeper, Planejamento, Programação, Supervisão, Almoxarifado, Suprimentos e Engenharia de Manutenção.

Anexo 17

HORAS UTILIZADAS (HUT)

INDICADOR 17:	HORAS UTILIZADAS (HUT)
Definição:	Mede a relação entre a quantidade total de horas utilizadas das equipes de manutenção, por especialidade, e a quantidade total de horas planejadas.
Finalidade:	Este indicador apresenta o grau de utilização das equipes de manutenção, por especialidade, no atendimento às necessidades de cumprimento dos serviços de manutenção, alinhado com as metas produtivas da empresa.
Fórmula de Cálculo:	
$HUT = \dfrac{\text{Total Horas Utilizadas}}{\text{Total Horas Planejadas}} \times 100(\%)$ Meta: $> 80\%$	
Unidade:	% (porcentagem)
Definição dos Parâmetros (unidade):	
Total Horas Utilizadas = Total de Horas Utilizadas das equipes de manutenção.	
Total Horas Planejadas = Total de Horas Planejadas das equipes de manutenção.	
Benchmark:	> 90%
Periodicidade:	Mensal
Coleta de Dados:	Os parâmetros desta fórmula são obtidos através dos valores de controle do planejamento das equipes de manutenção e da utilização efetiva do homem-hora de cada equipe de manutenção.
Exemplo Prático:	Para a Oficina de Manutenção Mecânica, foram planejadas **2.000** Homens-Hora de serviços para o mês de fevereiro de 2016 e foram utilizadas 1.750 Homens-Hora desta equipe neste mês analisado, portanto: $HUT = \dfrac{1.750}{2.000} \times 100 = 87,5(\%)$ Desta maneira, temos o resultado da **HUT** de **87,5%**.
KPI's Relacionados:	Backlog (BCK) / Eficiência do Planejamento de Rotina (EPR) / Eficiência do Planejamento de Parada (EPP) / Eficácia do Almoxarifado (EAL) / Eficácia das Requisições de Compras (ERC) / Tempo Médio entre Falhas (MTBF) / Execução de Manutenção Preventiva (EMP) / Confiabilidade Física por Manutenção (CFM) / Serviço Reprogramado (SRP).
Processos Relacionados:	Gatekeeper, Planejamento, Programação, Supervisão, Almoxarifado, Suprimentos, Engenharia de Manutenção e Gestão de Manutenção.

TEMPO MÉDIO PARA REPAROS (MTTR)

INDICADOR 18:	TEMPO MÉDIO PARA REPAROS (MTTR)
Definição:	Mede a relação entre a quantidade total de horas de falhas (paradas não planejadas), no período analisado, e a quantidade total de falhas.
Finalidade:	Este indicador apresenta a capacidade de atendimento das equipes de manutenção, por especialidade, quando solicitado um serviço de reparo não planejado, alinhado com as necessidades produtivas da empresa.
Fórmula de Cálculo:	$$MTTR = \frac{(\Sigma\ n^{o}\ Horas\ de\ Falhas)}{n^{o}\ de\ Falhas}(horas)$$
Unidade:	Horas.
Definição dos Parâmetros (unidade):	
nº Horas de Falhas = Quantidade Total de Horas das Falhas Funcionais.	
nº de Falhas = Quantidade Total de Falhas Funcionais ocorridas no período analisado.	
Benchmark:	
Periodicidade:	Mensal.
Coleta de Dados:	Os parâmetros desta fórmula são obtidos pelo controle dos serviços realizados através das Ordens de Serviço, estratificados pelas horas registradas das falhas funcionais, no mesmo período analisado.
Exemplo Prático:	No mês de janeiro de 2016, foi identificada a realização total de **250 Ordens** de Serviço, sendo no grupo dos serviços não planejados computado o total de **120** horas. Neste mesmo mês, a quantidade de falhas funcionais foi de **6** paradas não planejadas, portanto: $$MTTR = \frac{120}{6} = 20\ horas$$ Desta maneira, temos o resultado da **MTTR** de **20** horas.
KPI's Relacionados:	Número de Quebras (NQB) / Eficácia do Almoxarifado (EAL) / Eficácia das Requisições de Compras (ERC) / Tempo Médio entre Falhas (MTBF) / Produtividade Pessoal (PPE) / Confiabilidade Física por Manutenção (CFM) / Carga de Serviço Programado (CSP) / Serviço Reprogramado (SRP) / Custo Total de Manutenção (CTM) / Eficácia Global do Ativo Físico (OEE) / Eficácia Total do Desempenho do Ativo Físico (UEE).
Processos Relacionados:	Gatekeeper, Planejamento, Programação, Supervisão, Almoxarifado, Suprimentos, Engenharia de Manutenção e Gestão de Manutenção.

EFICIÊNCIA DOS CUSTOS DE MANUTENÇÃO (ECM)

INDICADOR 19:	EFICIÊNCIA DOS CUSTOS DE MANUTENÇÃO (ECM)
Definição:	Mede a relação entre o custo total real apropriado para os serviços realizados no período analisado e o custo total planejado para os mesmos serviços.
Finalidade:	Este indicador apresenta quanto assertiva está a previsão dos custos envolvidos com todos os serviços de manutenção planejados.
Fórmula de Cálculo:	
$ECM = (\dfrac{CTR}{CTP}) \times 100(\%)$ Meta: 85% - 115%	
Unidade:	% (porcentagem)
Definição dos Parâmetros (unidade):	
CTR = Custo Total Real de manutenção no período (R$).	
CTP = Custo Total Planejado de manutenção no período (R$).	
Benchmark:	95% - 105%.
Periodicidade:	Mensal.
Coleta de Dados:	Os parâmetros desta fórmula são obtidos através das informações orçamentárias e financeiras da manutenção.
Exemplo Prático:	Para um ativo físico, foi informado pela área financeira que o custo total planejado para o período foi de **R$ 140.000,00** e que o custo total real apropriado para este ativo físico no mesmo período foi de **R$ 150.000,00**, portanto: $ECM = (\dfrac{150.000,00}{140.000,00}) = 100 = 107,1\%$ Desta maneira, temos o resultado da **ECM** para este ativo físico de **107,1%**.
KPI's Relacionados:	Número de Quebras (NBQ) / Eficiência do Planejamento da Rotina (EPR) / Eficiência do Planejamento da Parada (EPP) / Eficácia do Almoxarifado (EAL) / Eficácia das Requisições de Compras (ERC) / Tempo Médio entre Falhas (MTBF) / Execução de Manutenção Preventiva (EMP) / Confiabilidade Física por Manutenção (CFM) / Custo Total de Manutenção (CTM).
Processos Relacionados:	Gatekeeper, Planejamento, Programação, Supervisão, Almoxarifado, Suprimentos, Engenharia de Manutenção e Gestão de Manutenção.

CUSTO TOTAL DE MANUTENÇÃO (CTM)

INDICADOR 20:	CUSTO TOTAL DE MANUTENÇÃO (CTM)
Definição:	Mede a relação entre o custo total de manutenção relacionado com os serviços realizados no período analisado e o custo total da empresa. O custo total de manutenção deve estar inserido no custo total da empresa.
Finalidade:	Este indicador apresenta o **impacto** direto dos custos totais de manutenção nos custos operacionais da empresa.
Fórmula de Cálculo:	
$CTM = \dfrac{CTR}{CTE} \times 100(\%)$ Meta: <10%	
Unidade:	% (porcentagem)
Definição dos Parâmetros (unidade):	
CTR = Custo Total Real de manutenção no período (R$)	
CTE = Custo Total da Empresa (R$)	
Benchmark:	<10%
Periodicidade:	Mensal
Coleta de Dados:	Os parâmetros desta fórmula são obtidos através das informações orçamentárias e financeiras da manutenção e dos valores reais operacionais da empresa.
Exemplo Prático:	Para um ativo físico, foi informado pela área financeira que o custo total real apropriado para este ativo físico no período foi de **R$ 150.000,00** e que o custo total operacional da empresa, no mesmo período, foi de **R$ 1.800.000,00**, portanto: $CTM = \dfrac{150.000,00}{1.800.000,00} \times 100 = 8,3\%$ Desta maneira, temos o resultado da **CTM** para este ativo físico de **8,3%**.
KPI's Relacionados:	Eficiência do Planejamento da Rotina (EPR) / Eficiência do Planejamento da Parada (EPP) / Eficácia do Almoxarifado (EAL) / Eficácia das Requisições de Compras (ERC) / Tempo Médio entre Falhas (MTBF) / Execução de Manutenção Preventiva (EMP) / Confiabilidade Física por Manutenção (CFM) / Tempo Médio para Reparos (MTTR) / Eficiência de Custo de Manutenção (ECM).
Processos Relacionados:	Gatekeeper, Planejamento, Programação, Supervisão, Almoxarifado, Suprimentos, Engenharia de Manutenção e Gestão de Manutenção.

EFICÁCIA TOTAL DO DESEMPENHO DO ATIVO FÍSICO (UEE)

INDICADOR 21:	EFICÁCIA TOTAL DO DESEMPENHO DO ATIVO FÍSICO (UEE)
Definição:	Mede a relação entre o Tempo Total de Operação Efetiva e o Tempo Total do Período Analisado (calendário).
Finalidade:	Este indicador apresenta o quanto o ativo físico analisado está sendo utilizado quando comparado com o tempo total calendário.
Fórmula de Cálculo:	
(A) Meta: > 65%	$$UEE = \frac{\text{Tempo Total de Operação Efetiva}}{\text{Tempo Total do Período Analisado}} \times 100(\%)$$
	ou
(B) Meta: > 65%	$$UEE = \text{Utilização (\%)} \times \text{Velocidade (\%)} \times \text{Qualidade (\%)}$$
Unidade:	% (porcentagem)
Definição dos Parâmetros:	
Cálculo "A":	

Tempo Total de Operação Efetiva = Tempo de Operação produzindo produtos bons do ativo físico em estudo.

Tempo Total do Período Analisado = Tempo Total Calendário para a instalação produtiva.

Definição dos Parâmetros:

Cálculo "B":

Utilização = Tempo Total de Operação do Ativo Físico (Fator de Utilização).

Velocidade = Ritmo do Processo Produtivo.

Qualidade = Quantidade de Produtos não Rejeitados.

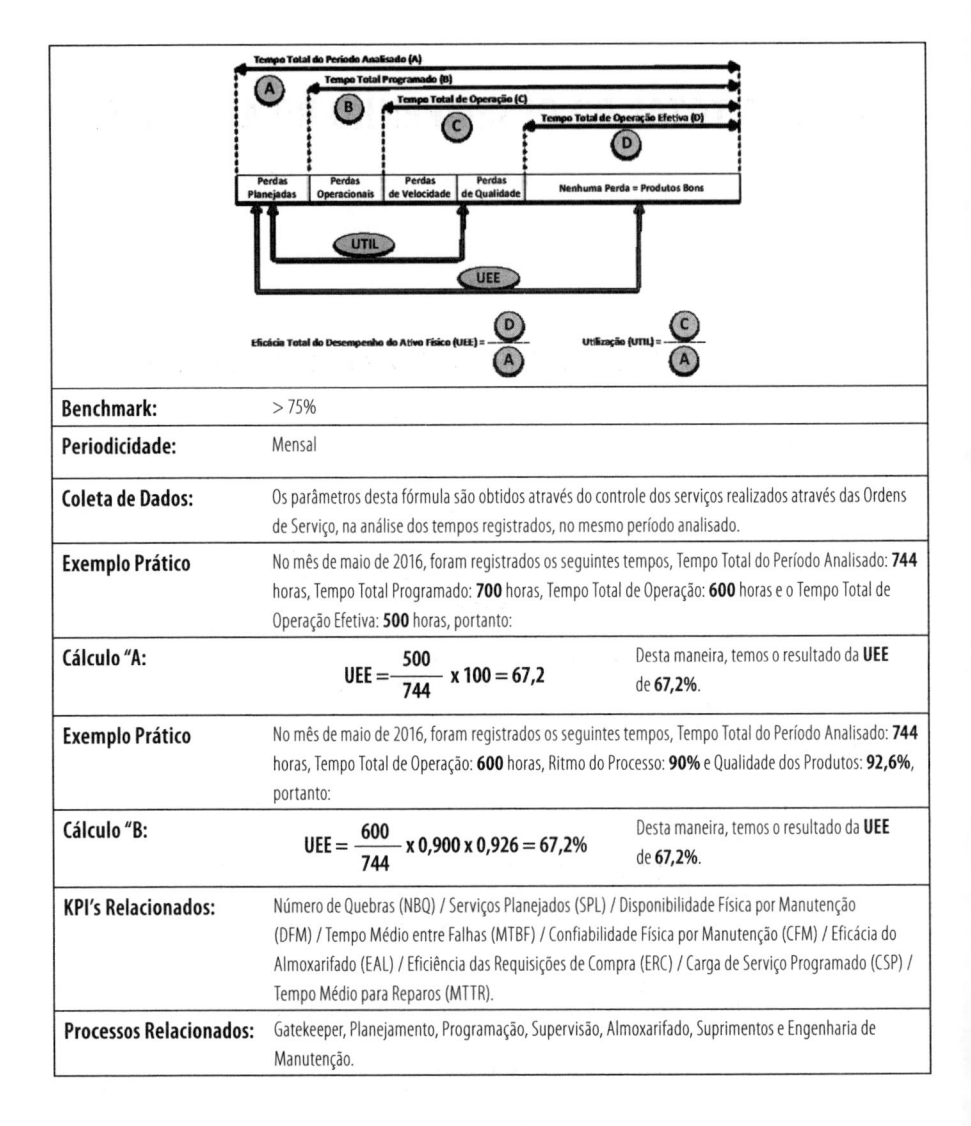

Benchmark:	> 75%
Periodicidade:	Mensal
Coleta de Dados:	Os parâmetros desta fórmula são obtidos através do controle dos serviços realizados através das Ordens de Serviço, na análise dos tempos registrados, no mesmo período analisado.
Exemplo Prático	No mês de maio de 2016, foram registrados os seguintes tempos, Tempo Total do Período Analisado: **744** horas, Tempo Total Programado: **700** horas, Tempo Total de Operação: **600** horas e o Tempo Total de Operação Efetiva: **500** horas, portanto:
Cálculo "A:	$$UEE = \frac{500}{744} \times 100 = 67,2$$ Desta maneira, temos o resultado da **UEE** de **67,2%**.
Exemplo Prático	No mês de maio de 2016, foram registrados os seguintes tempos, Tempo Total do Período Analisado: **744** horas, Tempo Total de Operação: **600** horas, Ritmo do Processo: **90%** e Qualidade dos Produtos: **92,6%**, portanto:
Cálculo "B:	$$UEE = \frac{600}{744} \times 0,900 \times 0,926 = 67,2\%$$ Desta maneira, temos o resultado da **UEE** de **67,2%**.
KPI's Relacionados:	Número de Quebras (NBQ) / Serviços Planejados (SPL) / Disponibilidade Física por Manutenção (DFM) / Tempo Médio entre Falhas (MTBF) / Confiabilidade Física por Manutenção (CFM) / Eficácia do Almoxarifado (EAL) / Eficiência das Requisições de Compra (ERC) / Carga de Serviço Programado (CSP) / Tempo Médio para Reparos (MTTR).
Processos Relacionados:	Gatekeeper, Planejamento, Programação, Supervisão, Almoxarifado, Suprimentos e Engenharia de Manutenção.

EFICÁCIA GLOBAL DOS ATIVOS FÍSICOS (OEE)

INDICADOR 22:	EFICÁCIA GLOBAL DOS ATIVOS FÍSICOS (OEE)
Definição:	Mede a relação entre o Tempo Total de Operação Efetiva e o Tempo Total Programado.
Finalidade:	Este indicador apresenta o quanto o ativo físico analisado está sendo utilizado quando comparado com o tempo total programado.

Fórmula de Cálculo:

(A)
Meta: > 75%

$$OEE = \frac{\text{Tempo Total de Operação Efetiva}}{\text{Tempo Total Programado}} \times 100(\%)$$

ou

(B)
Meta: > 75%

$$OEE = \text{Disponibilidade (\%)} \times \text{Velocidade (\%)} \times \text{Qualidade (\%)}$$

Unidade: % (porcentagem)

Definição dos Parâmetros:

Cálculo "A":

Tempo Total de Operação Efetiva = Tempo de Operação produzindo produtos bons do ativo físico em estudo.

Tempo Total Programado = Tempo Total Programado pela Produção incluindo as Perdas Operacionais.

Definição dos Parâmetros:

Cálculo "B":

Disponibilidade Operacional = Tempo Total de Operação do Ativo Físico pelo Tempo Total Programado (Fator de Disponibilidade).

Velocidade = Ritmo do Processo Produtivo.

Qualidade = Quantidade de Produtos não Rejeitados.

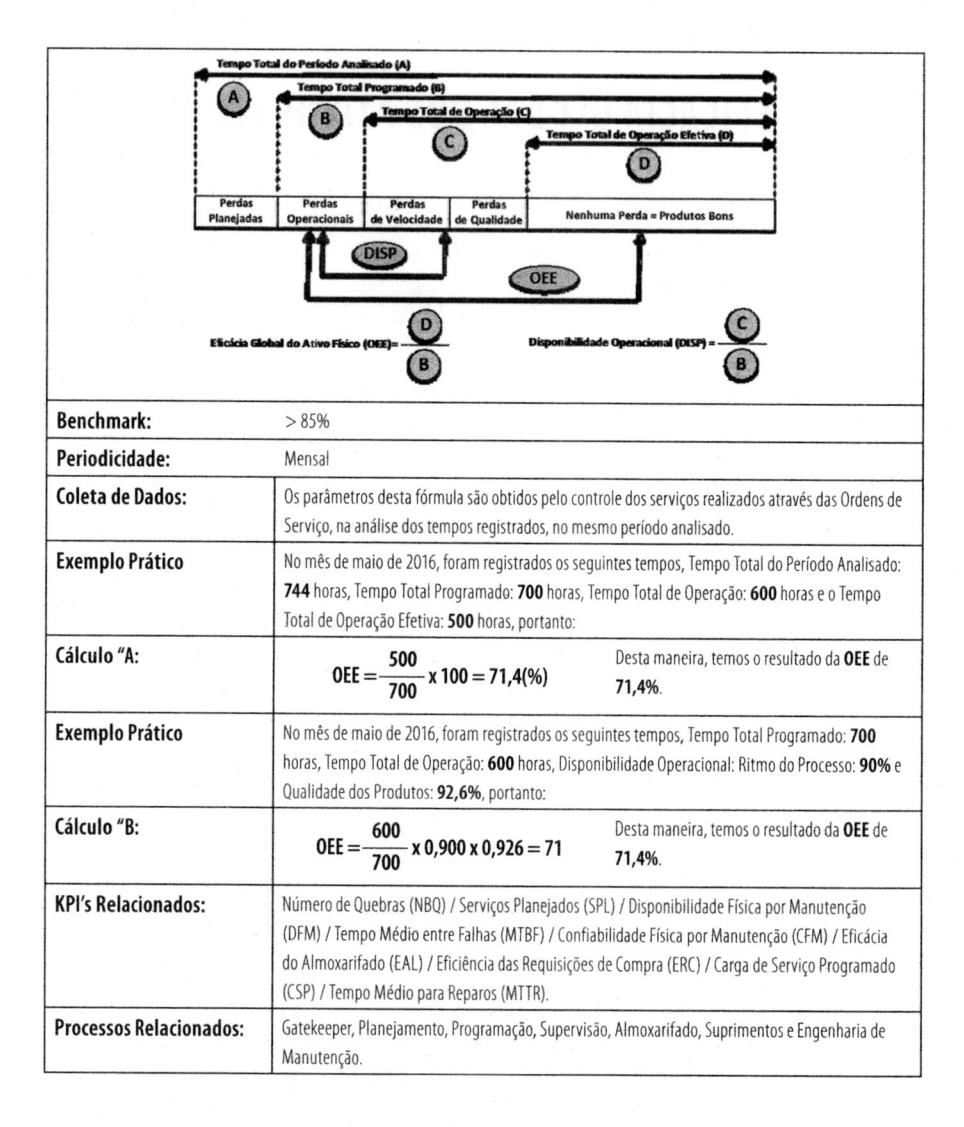

Benchmark:	> 85%
Periodicidade:	Mensal
Coleta de Dados:	Os parâmetros desta fórmula são obtidos pelo controle dos serviços realizados através das Ordens de Serviço, na análise dos tempos registrados, no mesmo período analisado.
Exemplo Prático	No mês de maio de 2016, foram registrados os seguintes tempos, Tempo Total do Período Analisado: **744** horas, Tempo Total Programado: **700** horas, Tempo Total de Operação: **600** horas e o Tempo Total de Operação Efetiva: **500** horas, portanto:
Cálculo "A:	$$OEE = \frac{500}{700} \times 100 = 71,4(\%)$$ Desta maneira, temos o resultado da **OEE** de **71,4%**.
Exemplo Prático	No mês de maio de 2016, foram registrados os seguintes tempos, Tempo Total Programado: **700** horas, Tempo Total de Operação: **600** horas, Disponibilidade Operacional: Ritmo do Processo: **90%** e Qualidade dos Produtos: **92,6%**, portanto:
Cálculo "B:	$$OEE = \frac{600}{700} \times 0,900 \times 0,926 = 71$$ Desta maneira, temos o resultado da **OEE** de **71,4%**.
KPI's Relacionados:	Número de Quebras (NBQ) / Serviços Planejados (SPL) / Disponibilidade Física por Manutenção (DFM) / Tempo Médio entre Falhas (MTBF) / Confiabilidade Física por Manutenção (CFM) / Eficácia do Almoxarifado (EAL) / Eficiência das Requisições de Compra (ERC) / Carga de Serviço Programado (CSP) / Tempo Médio para Reparos (MTTR).
Processos Relacionados:	Gatekeeper, Planejamento, Programação, Supervisão, Almoxarifado, Suprimentos e Engenharia de Manutenção.

ÍNDICE DE DESENHOS

ÍNDICE DE FIGURAS

BIBLIOGRAFIA

BALM, Gerald J. – Benchmarking – Um Guia Prático para o Profissional tornar-se – e continuar sendo – o Melhor dos Melhores – Qualitymark Editora – 1995

BARBOSA, Christian – Equilíbrio e Resultado – Por Que as Pessoas não Fazem o Que Deveriam Fazer? – Editora Sextante - 2012

BRAIDOTTI, José Wagner – A Falha não é uma Opção – Editora Ciência Moderna - 2013

CONNELLAN, Tom – Nos Bastidores da Disney – Os Segredos do Sucesso da Mais Poderosa Empresa de Diversões do Mundo – Editora Futura – 2007

DALEY, Daniel T. - Failure Mapping – A New and Powerful Tool for Improving Reliability and Maintenance – International Press Inc. – 2009

DEMING, W. Edwards – A Nova Economia para a Indústria, o Governo e a Educação – Qualitymark Editora – 1997

DISNEY Institute – O Jeito Disney de Encantar os Clientes – Do Atendimento Excepcional ao Nunca Parar de Crescer e Acreditar – Editora Saraiva - 2011

DOYLE, Arthur Conan – As Aventuras de Sherlock Holmes – Editora Zahar – 2011

DOYLE, Arthur Conan – As Melhores Histórias de Sherlock Holmes – L&PM Pocket – 2005

ELTZ, Fábio – Qualidade na Comunicação – Preparando a Empresa para Encantar o Cliente – Casa da Qualidade – 1994

FILHO, Gil Branco – Dicionário de Termos de Manutenção e Confiabilidade – Editora Ciência Moderna - 2000

GRINBERG, Renato – A Estratégia do Olho de Tigre – Atitudes Poderosas para o Sucesso na Carreira e nos Negócios – Editora Gente – 2011

HRADESKY, John L. – Aperfeiçoamento da Qualidade e da Produtividade – Guia Prático para a Implementação do Controle Estatístico do Processo – CEP – Mc Graw Hill – 1989

KARDEC, Alan – NASCIF, Júlio – Manutenção – Função Estratégica – Qualitymark Editora – 1999

LEDET, Winston P. – Don't Just Fix It, Improve It! – Reliabilityweb.com – 2009

LEE, Fred – Se Disney Administrasse seu Hospital – 9 ½ Coisas que Você Mudaria – Editora Bookman – 2009

LEVITT, Joel – Lean Maintenance – International Press Inc. – 2008

LIKER, Jeffrey K. – O Modelo Toyota (A empresa que criou a produção enxuta) – 14 Princípios de Gestão do Maior Fabricante do Mundo – Editora Bookman – 2006

MATHER, Daryl – The Maintenance Scorecard – Creating Strategic Advantage – Industrial Press Inc. – 2005

MAY, Matthew E. – Toyota – A Fórmula da Inovação – Editora Campus – 2007

MC CARTHY, John J. – Por Que os Gerentes Falham – Mc Graw Hill – 1990

MIRSHAWKA, Victor – OLMEDO, Napoleão Lupes – Manutenção – Combate aos Custos da Não-Eficácia – Makron Books – 1993

MIRSHAWKA, Victor – OLMEDO, Napoleão Lupes – TPM à Moda Brasileira – Makron Books – 1994

MIRSHAWKA, Victor – Criando Valor para o Cliente - Makron Books – 1993

MITCHELL, John S. – Physical Asset Management Handbook – Clarion Technical Publishers - 2007

MORTELARI, Denis – SIQUEIRA, Kleber – PIZZATI, Nei – O RCM na Quarta Geração da Manutenção de Ativos – RG Editores – 2011

MOTTER, Osir – Manutenção Industrial – O Poder Oculto na Empresa – Editora Hemus – 1992

MOUBRAY, John – Reliability Centred Maintenance – Butterworth Heinemann – 1997

NYMAN, Don – LEVITT, Joel – Maintenance Planning, Scheduling & Coordination – Industrial Press Inc. – 2001

PALMER, Richard – Maintenance Planning and Scheduling Handbook – McGraw-Hill Handbooks – 2006

SMALLEY, Art – Entendendo o Pensamento A3 – Um Componente Crítico do PDCA da Toyota – Editora Bookman – 2008

SUZUKI, Tokutaro – TPM in Process Industries – Productivity Press Inc. – 1994

TAKAHASHI, Yoshikazu – OSADA, Takashi – Manutenção Produtiva Total – IMAM – 1993

WELLINS, Richard S. – Equipes Zapp! – Criando energização através de equipes autogerenciáveis para aumentar a qualidade, produtividade e participação – Editora Campus – 1994

WIREMAN, Terry – Developing Performance Indicators for Managing Maintenance – Industrial Press Inc. – 2005

WIREMAN, Terry – Benchmarking – Best Practices in Maintenance Management – Industrial Press Inc. – 2004

YASUDA, Yuzo – 40 Years, 20 Million Ideas – The Toyota Suggestion System – Productivity Press Inc. – 1990

ÍNDICE REMISSIVO

Anotações

Impressão e acabamento
Gráfica da Editora Ciência Moderna Ltda.
Tel: (21) 2201-6662